教科書ワーク もくじ

全教科書対応
文章題・図形5年

JN131548

1 体積

① 直方体や立方体の体積 (1)

基本のワーク

答え 1ページ

やってみよう

☆ 右の図のような，たて 9cm，横 10cm，高さ 7cm の
直方体の体積を求めましょう。

とき方 直方体の体積は，

たて×横×高さ で求められるから，

$9 \times \boxed{} \times \boxed{} = \boxed{}$

答え $\boxed{}$ cm³

たいせつ

直方体の体積＝たて×横×高さ
立方体の体積＝1辺×1辺×1辺

---

1 右の図の直方体の体積を求めましょう。

式

答え（　　　　　　　）

6cm　8cm　10cm

---

2 右の図の立方体の体積を求めましょう。

式

答え（　　　　　　　）

8cm

---

3 右の図は，ある直方体の展開図です。

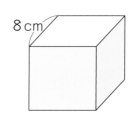

❶ あの長さは何cmですか。

式

答え（　　　　　　　）

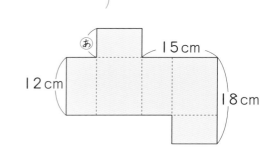

12cm　15cm　18cm

❷ この展開図を組み立ててできる直方体の体積を求めましょう。

式

答え（　　　　　　　）

たて，横，高さは
何cmかな。

ポイント 展開図では，組み立てたときに重なり合う部分の長さが等しくなることに注意しましょう。

② 直方体や立方体の体積 (2)
基本のワーク

答え 1 ページ

☆ 右の図のような，直方体を組み合わせた立体があります。
この立体の体積を求めましょう。

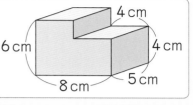

とき方　《1》　図1のように2つの直方体に分けると，

$5 \times 4 \times 6 = \boxed{}$，

$5 \times 4 \times 4 = \boxed{}$

$\boxed{} + \boxed{} = \boxed{}$

《2》　図2のように右上の部分に直方体をおぎなうと，

$5 \times 8 \times 6 = \boxed{}$，　$5 \times 4 \times 2 = \boxed{}$

$\boxed{} - \boxed{} = \boxed{}$

図1

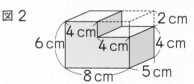

図2

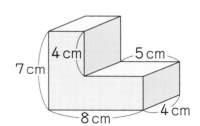

答え $\boxed{}$ cm³

たいせつ

いくつかの立体に分けたり，大きい立体から小さい立体をひいたりして求めます。

❶ 右の図の立体の体積を求めましょう。
式

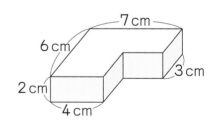

答え（　　　　　　）

❷ 右の図の立体の体積を求めましょう。
式

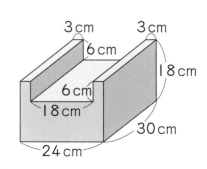

答え（　　　　　　）

❸ 右の図の立体の体積を求めましょう。
式

答え（　　　　　　）

ポイント　複雑な立体の体積は，いくつかの直方体や立方体に分けて考えます。
大きい立体の体積から小さい立体の体積をひいてもよいでしょう。

3

③ 大きな立体の体積
基本のワーク

答え 1ページ

☆ 右の図のような，たて 5m，横 6m，高さ 4m の直方体があります。この直方体の体積は何 m^3 ですか。また，それは何 cm^3 ですか。

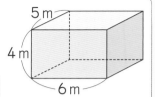

とき方 単位が cm ではなく，m であることに注意します。

直方体の体積は，5×6×4 ＝ ☐

また，1 m^3 ＝ ☐ cm^3 だから，☐ m^3 ＝ ☐ cm^3

答え ☐ m^3，☐ cm^3

🐶 **たいせつ**

1 辺の長さが 1m の立方体の体積は，1 m^3（1立方メートル）です。
また，1 m^3 ＝100cm×100cm×100cm＝1000000 cm^3 です。

1 右の図のような，たて 4m，横 4m，高さ 5m の直方体があります。

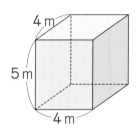

❶ この直方体の体積は何 m^3 ですか。

式

答え（　　　　　　　）

❷ ❶で求めた体積は，何 cm^3 ですか。

式

答え（　　　　　　　）

2 内側の長さが，たて 25m，横 10m，深さ 1m のプールがあります。

❶ プールに入る水の体積は何 m^3 ですか。

式

答え（　　　　　　　）

プールに入る水の体積など，大きなものの体積を表すときは，m^3 が使われるよ。

❷ ❶で求めた水の体積は，何 L ですか。

式

答え（　　　　　　　）

4

 ポイント 1 m^3＝1000000 cm^3，1 m^3＝1000 L，1 L＝1000 cm^3 などの関係をよく覚えておきましょう。

④ 容積
基本のワーク

答え 1ページ

やってみよう

☆ 厚さ 1cm の板で作った，右の図のような直方体の形をした
入れ物があります。この入れ物に入る水の体積は何cm³ ですか。

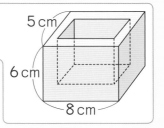

とき方 水が入っている部分の立体は，
右の図のような直方体になります。
この直方体の体積は，

$(5-2)×(8-2)×(6-1)=$ □

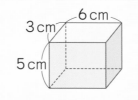

答え □ cm³

たいせつ

入れ物の内側の長さを**内のり**といい，入れ物の中に
いっぱいに入る水の体積を**容積**といいます。

❶ 右の図のようなますがあります。水が入る部分は，たて
6cm，横6cm，高さ4cm の直方体の形になっています。
このますの容積は何cm³ ですか。
式

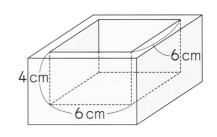

答え（　　　　　　　　　）

❷ 右の図のような，直方体を組み合わせた形の容器が
あります。ただし，容器の厚さは考えません。
❶　この容器の容積は何cm³ ですか。
式

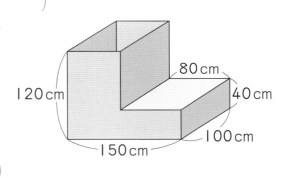

答え（　　　　　　　　　）

❷　❶で求めた容積は何m³ ですか。
式

答え（　　　　　　　　　）

❸　❶で求めた容積は何L ですか。
式

2つに分けて考えよう。

答え（　　　　　　　　　）

ポイント　入れ物の内側が直方体や立方体の形のときは，直方体や立方体の体積の公式を利用して容積
を求めます。

⑤ 水を使って体積を求める問題

基本のワーク

答え 1ページ

やってみよう

☆ メスシリンダーに 4dL の水を入れたあとで，たまごを完全に水にしずめました。すると，水面の高さが，465cm³ のところになりました。このたまごの体積は何 cm³ ですか。

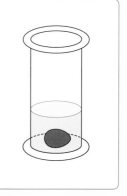

とき方 水とたまごを合わせた体積のうち，水の体積をのぞいた分がたまごの体積です。

4dL = ☐ cm³ だから，

たまごの体積は，

465 − ☐ = ☐

たいせつ

体積の公式が使えないときは，水などを使うと，しずめた立体の体積が求められます。

答え ☐ cm³

❶ 1辺の長さが 10cm の立方体の形をした容器に水をいっぱいに入れて，石を完全にしずめたところ，2dL の水があふれました。この石の体積は何 cm³ ですか。ただし，容器の厚さは考えません。

式

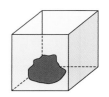

答え（　　　　　）

❷ たてが 20cm，横が 20cm，高さが 30cm の直方体の形をした水そうに，15cm の深さまで水が入っています。この水そうにおもりを完全にしずめたところ，水の深さが 23cm になりました。このおもりの体積は何 cm³ ですか。ただし，水そうの厚さは考えません。

式

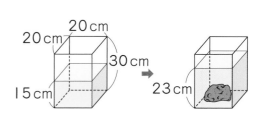

20cm
20cm
30cm
15cm
→
23cm

答え（　　　　　）

❸ たてが 18cm，横が 15cm，高さが 20cm の直方体の形をした容器に水が 18cm の深さまで入っています。この容器に石を完全にしずめたところ，水が 360mL あふれました。この石の体積は何 cm³ ですか。ただし，容器の厚さは考えません。

式

答え（　　　　　）

ポイント 水におもりや石を完全にしずめたとき，「増えた水の体積＝おもりや石の体積」で求めることができます。

⑥ 直方体の高さと体積
基本のワーク

答え 1ページ

☆ 右の図のように，直方体のたて，横の長さを，それぞれ5cm，6cmときめて，高さを1cm，2cm，3cm，…と変えていきます。

① 高さが2倍，3倍になると，体積はどうなりますか。

② 体積が180cm³になるのは，高さが何cmのときですか。

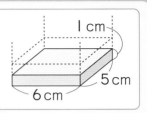

とき方 ① 直方体の体積＝たて×横×高さ の公式にあてはめて，表に書いて調べます。

2倍　　3倍

高さ　（cm）	1	2	3	4	5
体積　（cm³）	30	60	90	120	150

□倍　　□倍

答え [ ] 倍, [ ] 倍になる。

たいせつ

2つの数量□と○があり，□が2倍，3倍，…になると，それにともなって○も2倍，3倍，…になるとき，「○は□に比例する」といいます。

② 高さが1cmのときの体積の何倍になっているかを考えます。

高さが1cmのときの体積は30cm³だから，

180÷30＝[ ]

答え [ ] cm

① 右の図のように，直方体のたての長さと，高さを，それぞれ4cm，3cmときめて，横の長さを1cm，2cm，3cm，…と変えていきます。

① 表の空らんをうめましょう。

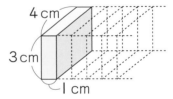

横の長さ(cm)	1	2	3	4	5
体積　　（cm³）					

② 横の長さが9cmのとき，体積は何cm³になりますか。

式

答え （　　　　　）

② たてが12cm，横が15cmの直方体をつくっています。

① 体積を1800cm³にするには，高さを何cmにすればよいですか。

式

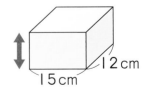

答え （　　　　　）

② ①でつくった直方体の体積を2倍にするには，高さを何cmにすればよいですか。

式

答え （　　　　　）

たて，横の長さが一定の直方体では，高さが2倍，3倍，…になると，体積も2倍，3倍，…になります。このようなとき，この直方体の体積は高さに比例するといいます。

7

1 体積

まとめのテスト❶

勉強した日　月　日

時間 20分

得点　／100点

1 よく出る　たて 9cm, 横 10cm, 高さ 8cm の直方体の体積を求めましょう。　1つ8〔16点〕

式

答え（　　　　　）

2 よく出る　1辺の長さが 6m の立方体の形をした建物があります。この建物の体積を求めましょう。　1つ8〔16点〕

式

答え（　　　　　）

3 右の図は, 立方体を組み合わせて作った立体です。この立体の体積を求めましょう。　1つ8〔16点〕

式

答え（　　　　　）

4 右の図は, ある直方体の展開図です。この展開図を組み立ててできる直方体の体積を求めましょう。　1つ10〔20点〕

式

答え（　　　　　）

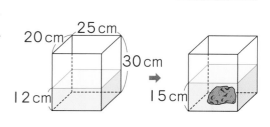

5 たてが 20cm, 横が 25cm, 高さが 30cm の直方体の形をした水そうに, 水が深さ 12cm のところまで入っています。この水そうに石を完全にしずめたところ, 水の深さが 15cm になりました。この石の体積は何 cm³ ですか。ただし, 水そうの厚さは考えません。

式

1つ8〔16点〕

答え（　　　　　）

6 よく出る　体積が 120cm³ で, たてが 6cm, 横が 4cm の直方体の高さは何 cm ですか。

式

1つ8〔16点〕

答え（　　　　　）

チェック☑
□ 直方体や立方体の体積を求める公式は覚えたかな？
□ 水にしずめた立体の体積を求めることができたかな？

まとめのテスト❷

1 よく出る たて 3cm, 横 8cm, 高さ 5cm の直方体の体積を求めましょう。　1つ8〔16点〕

式

答え（　　　　　　　）

2 1辺の長さが 20cm の立方体の形をした容器があります。この容器の容積は何L ですか。ただし，容器の厚さは考えません。　1つ8〔16点〕

式

答え（　　　　　　　）

3 右の図は，直方体を組み合わせて作った立体です。この立体の体積を求めましょう。　1つ8〔16点〕

式

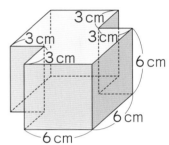

答え（　　　　　　　）

4 たてが 24cm, 横が 30cm, 高さが 36cm の直方体の形をした水そうに，水が入っています。この水そうにおもりを完全にしずめたところ，水面の高さが 5cm 上がって 30cm になりました。はじめ，水そうには水が何L 入っていましたか。ただし，水そうの厚さは考えません。　1つ10〔20点〕

式

答え（　　　　　　　）

5 たてが 5cm, 横が 8cm, 高さが 9cm の直方体があります。たてを 2倍, 横を 3倍にしてできる直方体の体積は，もとの直方体の体積の何倍ですか。　1つ8〔16点〕

式

答え（　　　　　　　）

6 よく出る 体積が 280cm³ で，たてが 7cm, 高さが 4cm の直方体の横の長さは何cm ですか。　1つ8〔16点〕

式

答え（　　　　　　　）

 □ 直方体や立方体を組み合わせた形の体積を求めることができたかな？
□ 比例の関係を利用して長さや体積を求めることができたかな？

9

① 小数のかけ算の問題 (1)
基本のワーク

答え 2ページ

☆ 1mの重さが 36g のはり金があります。このはり金 2.4m の重さは何g ですか。

とき方 整数に小数をかける計算を考えます。

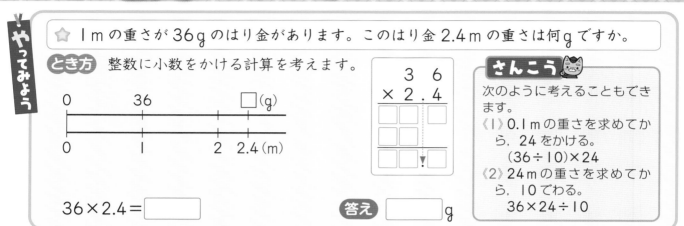

```
  3 6
× 2. 4
```

36×2.4 = ☐

答え ☐ g

さんこう
次のように考えることもできます。
《1》 0.1mの重さを求めてから，24 をかける。
　　 (36÷10)×24
《2》 24mの重さを求めてから，10 でわる。
　　 36×24÷10

❶ 1mの重さが 28g のひもがあります。このひも 3.3m の重さは何g ですか。
式

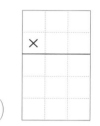

答え（　　　　　　　　　）

❷ 1mのねだんが 80 円のリボンがあります。このリボンを 1.8m 買うと，代金は何円ですか。
式

答え（　　　　　　　　　）

❸ まさみさんのお父さんは，1L のねだんが 150 円のガソリンを 14.6L 買って，車に入れました。ガソリンの代金は何円ですか。
式

答え（　　　　　　　　　）

❹ 1kg 2000 円のコーヒー豆を 0.4kg 買って，1000 円札を 1まい出しました。おつりは何円ですか。
式

答え（　　　　　　　　　）

ポイント 整数×小数のかけ算では，小数点はかける数にそろえてうちます。
小数点のつけわすれに注意しましょう。

② 小数のかけ算の問題 (2)
基本のワーク

答え **2ページ**

答え 2ページ

☆ たてが 4.5m，横が 3.4m の長方形の形をした花だんがあります。この花だんの面積は何 m^2 ですか。

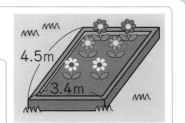

とき方　小数に小数をかける計算を考えます。

長方形の面積 ＝ たて×横 だから，

$4.5 \times 3.4 =$ ☐　　　答え ☐ m^2

小数をかける筆算のしかた

① 小数点がないものとして計算する。

② 積の小数点は，かけられる数とかける数の小数点の右にあるけたの数の和だけ，右から数えてうつ。

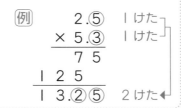

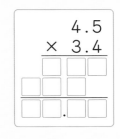

❶ たてが 5.6m，横が 8.2m の長方形の形をした畑があります。この畑の面積は何 m^2 ですか。

式

答え（　　　　　　）

❷ 1辺の長さが 4.8cm の正方形の色紙があります。この色紙の面積は何 cm^2 ですか。

式

答え（　　　　　　）

❸ 右の図のように，たてが 2.6cm，横が 3.8cm，高さが 2.1cm の直方体があります。

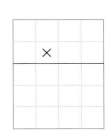

❶ あの面の面積は何 cm^2 ですか。

式

答え（　　　　　　）

❷ この直方体の体積は何 cm^3 ですか。

式

直方体の体積は，たて×横×高さで求めることができたよね。

答え（　　　　　　）

ポイント　小数×小数の積の小数点は，小数点の右にあるけた数が，かけられる数とかける数の小数点の右にあるけた数の和と同じになるようにうちます。

③ 小数のかけ算の問題 (3)
基本のワーク

答え 2ページ

やってみよう

⭐ こうたさんは，ある数に 3.2 をかけるのをまちがえて，ある数に 3.2 をたしてしまったので，答えが 11.1 になりました。このかけ算の正しい答えはいくつですか。

とき方　ある数を□とすると，

□＋3.2＝11.1 だから，□にあてはまる数は，

11.1－[　　]＝[　　]

このかけ算の正しい答えは，[　　]×3.2＝[　　]　**答え** [　　]

たいせつ

整数のときに成り立つ計算のきまりは，小数のときも成り立ちます。

❶ 次の(　　)の中の式で，積が大きいほうはどちらですか。○をつけましょう。

❶ （ 5×0.7，　5×1.3 ）　　　　❷ （ 2.3×0.9，　2.3×1.1 ）

❸ （ 0.6×1.4，　0.6×0.14 ）　　❹ （ 4.23×0.6，　1.6×4.23 ）

❷ あかねさんは，6.8 にある数をかけるのをまちがえて，その数をたしてしまったので，答えが 12.5 になりました。

❶ ある数はいくつですか。

式

答え（ 　　　　　　　 ）

❷ あかねさんがしようとしていたかけ算の正しい答えはいくつですか。

式

答え（ 　　　　　　　 ）

❸ 赤，白，黒のテープが 1 本ずつあります。赤いテープの長さは 12 m，白いテープの長さは 9.6 m です。

❶ 白いテープの長さは，赤いテープの長さの何倍ですか。

式

答え（ 　　　　　　　 ）

1 より小さい小数で表す倍もあるんだね。

❷ 黒いテープの長さは，白いテープの長さの 1.5 倍です。
黒いテープの長さは，何 m ですか。

式

答え（ 　　　　　　　 ）

ポイント　1 より大きい数をかけると，積はかけられる数より大きくなり，1 より小さい数をかけると，積はかけられる数より小さくなります。

まとめのテスト

時間 **20** 分

答え **2ページ**

得点 /100点

1 〔よく出る〕　1L のねだんが 250 円のジュースがあります。このジュース 2.7L の代金は何円ですか。

1つ7〔14点〕

式

答え（　　　　　　　）

2 たての長さが 8.4cm，横の長さが 9.6cm の長方形の紙があります。

1つ7〔28点〕

❶　この紙の面積は何cm² ですか。

式

答え（　　　　　　　）

❷　この紙の横の長さを 1.5 倍にすると，面積は何cm² になりますか。

式

答え（　　　　　　　）

3 ななえさんは，ある数に 4.6 をかけるのをまちがえて，ある数に 4.6 をたしてしまったので，答えが 13.2 になってしまいました。

1つ7〔28点〕

❶　ある数はいくつですか。

式

答え（　　　　　　　）

❷　ななえさんがしようとしていたかけ算の正しい答えはいくつですか。

式

答え（　　　　　　　）

4 〔よく出る〕　次の⑦〜㋑のうち，積が 42 より大きくなるものはどれですか。すべて選び，記号で答えましょう。

〔10点〕

⑦　42×1.34　　　㋑　42×0.97　　　㋒　1.45×42　　　㋓　0.7×42

（　　　　　　　）

5 右の図のような長方形を組み合わせた形をした畑があります。この畑の面積をくふうして求めましょう。

1つ10〔20点〕

式

2.8 m

3.5 m

2.2 m

6.3 m

答え（　　　　　　　）

 □ 小数のかけ算の筆算ができたかな？
□ かける数と積の大きさの関係がわかったかな？

13

3 小数のわり算の問題

① 小数のわり算の問題 (1)
基本のワーク

答え 2ページ

やってみよう

☆ リボンを 2.6m 買ったら，390 円でした。このリボン 1m のねだんは何円ですか。

とき方 整数を小数でわる計算を考えます。

0　　　　□　　　　　　390 (円)

0　　　1　　　2　　2.6 (m)

390 ÷ 2.6 = [　　]

答え [　　] 円

$$2.6\,)\,\overline{3\ 9\ 0\ \square}$$

さんこう

次のように考えることもできます。
《1》0.1m のねだんを求めてから，10 をかける。
　　(390÷26)×10
《2》26m のねだんを求めてから，26 でわる。
　　(390×10)÷26

---

❶ 1.5m のはり金の重さをはかったら，48g でした。このはり金 1m の
重さは何g ですか。
式

答え (　　　　　　　)

❷ 3.5m の鉄のぼうの重さは 14kg でした。この鉄のぼう 1m の重さは何kg ですか。
式

答え (　　　　　　　)

❸ 1.4m の代金が 280 円の青いリボンと，0.8m の代金が 200 円の赤いリボンがあります。
① 青いリボン 1m と赤いリボン 1m のねだんはそれぞれ何円ですか。
式

答え 青いリボン (　　　　　　　) 赤いリボン (　　　　　　　)

② 青いリボン 1m のねだんは，赤いリボン 1m のねだんの何倍ですか。
式

答え (　　　　　　　)

③ 赤いリボン 1m のねだんは，青いリボン 1m のねだんの何倍ですか。
式

答え (　　　　　　　)

14

ポイント 小数のわり算では，小数点の位置に気をつけましょう。
商の小数点は，わられる数の右に移した小数点にそろえてうつことに注意しましょう。

② 小数のわり算の問題 (2)
基本のワーク

答え 3ページ

☆ 面積が 1.8 m² の長方形の形をした花だんがあります。この花だんの横の長さは 1.2 m です。この花だんのたての長さは何 m ですか。

とき方 小数を小数でわる計算を考えます。

長方形の面積＝たて×横 だから，

長方形のたての長さ＝□÷□ です。

1.8÷1.2＝□

答え □ m

たいせつ
長さが小数で表されていても，整数のときと同じように面積の公式を利用することができます。

```
        □.□
1.2 ) 1.8
        □□
        □□
        □□
          0
```

1 面積が 7.2 m² の長方形の形をした土地があります。

① この土地のたての長さが 2.4 m のとき，横の長さは何 m ですか。

式

答え（　　　　　　　）

② この土地の横の長さが 1.5 m のとき，たての長さは何 m ですか。

式

答え（　　　　　　　）

2 右の図のように，たての長さが 2.5 cm，高さが 1.4 cm，体積が 12.6 cm³ の直方体があります。

① あの面の面積は何 cm² ですか。

式

答え（　　　　　　　）

② この直方体の横の長さは何 cm ですか。

式

答え（　　　　　　　）

横
2.5 cm
あ
1.4 cm

直方体の体積＝たて×横×高さ だから，あの面の面積は，体積÷高さ で求められるよ。

 ポイント　直方体の体積＝たて×横×高さ
図形の面積や体積の公式をもう一度まとめておきましょう。

③ 小数のわり算の問題 (3)
基本のワーク

答え **3ページ**

やってみよう

☆ りょうたさんは，ある数を 2.8 でわるところをまちがえて，ある数から 2.8 をひいてしまったので，答えが 7 になってしまいました。このわり算の正しい答えはいくつですか。

とき方 ある数を □ とすると，□ − 2.8 = 7 だから，

□ にあてはまる数は，

7 + ☐ = ☐

このわり算の正しい答えは， ☐ ÷ 2.8 = ☐

たいせつ
整数の計算で成り立つ計算のきまりは，小数の計算でも成り立ちます。

答え ☐

1 次の（ ）の中の式で，商が小さいほうはどちらですか。○をつけましょう。

❶ （ 6÷0.8， 6÷1.2 ）

❷ （ 2.1÷0.7， 2.1÷1.5 ）

❸ （ 0.9÷1.8， 0.9÷0.18 ）

❹ （ 3.45÷0.5， 34.5÷0.5 ）

2 みゆきさんは，13.5 をある数でわるのをまちがえて，13.5 からその数をひいてしまったので，答えが 9.9 になってしまいました。

❶ まちがえていくつをひいてしまいましたか。

式

答え（ ）

❷ みゆきさんがしようとしていたわり算の正しい答えはいくつですか。

式

答え（ ）

3 ゆうたさんは，2.8 をある数でわるのをまちがえて，ある数を 2.8 でわってしまったので，答えが 1.25 になってしまいました。このわり算の正しい答えはいくつですか。

式

ある数を □ とすると，
□ ÷ 2.8 = 1.25 だから，
□ = 1.25 × 2.8 だね。

答え（ ）

ポイント １より大きい数でわると，商はわられる数より小さくなり，１より小さい数でわると，商はわられる数より大きくなります。

④ 小数のわり算の問題 (4)
基本のワーク

答え 3ページ

やってみよう

☆ 1.9 L のジュースを 0.3 L ずつコップに入れていきます。ジュースはコップ何ばい分入れることができて，何 L あまりますか。

とき方 小数でわる計算で，あまりのある場合を考えます。

1.9÷0.3＝ □ あまり □

答え □ ぱい分入れることができて， □ L あまる。

たいせつ

小数のわり算であまりを考えるときは，小数点の位置に注意しましょう。
あまりの小数点は，わられる数のもとの小数点の位置にそろえてうちます。

$$0.3 \overline{)1.9}$$

---

1 19.3 cm の紙テープがあります。この紙テープを 2.1 cm ずつ切っていくと，2.1 cm の紙テープは何本できて，何 cm あまりますか。

式

答え（　　　　　できて，　　　　　あまる）

2 31.5 kg のさとうを 1.25 kg ずつふくろにつめていきます。1.25 kg のさとうのふくろは何ふくろできて，何 kg あまりますか。

式

答え（　　　　　できて，　　　　　あまる）

3 2.6 m の重さが 4.8 kg の鉄のぼうがあります。この鉄のぼう 1 m の重さは何 kg ですか。四捨五入して $\frac{1}{10}$ の位までのがい数で求めましょう。

式

答え（　　　　　　　　）

4 面積が 22.5 m² の長方形の土地の横の長さをはかったら，9.2 m ありました。この土地のたての長さは何 m ですか。四捨五入して $\frac{1}{100}$ の位までのがい数で求めましょう。

式

答え（　　　　　　　　）

 ポイント 答えをがい数で求めるときは，求めようとする位の 1 つ下の位を四捨五入しましょう。

17

まとめのテスト❶

時間 **20** 分

得点 ／100点

答え 3ページ

1 よく出る お米を 3.5kg 買ったら，代金が 980 円でした。このお米 1kg のねだんは何円ですか。 1つ9〔18点〕

式

答え（ 　　　　　　　　 ）

2 面積が 8.4cm² の長方形の紙があります。この紙の横の長さが 3.5cm のとき，たての長さは何cm ですか。 1つ9〔18点〕

式

答え（ 　　　　　　　　 ）

3 さとしさんは，6.3 をある数でわるのをまちがえて，6.3 からその数をひいてしまったので，答えが 1.8 になってしまいました。このわり算の正しい答えはいくつですか。 1つ9〔18点〕

式

答え（ 　　　　　　　　 ）

4 よく出る 次の㋐〜㋑のうち，商がわられる数より小さくなるものはどれですか。すべて選び，記号で答えましょう。 〔10点〕

㋐ 30÷0.8 　　　㋑ 30÷1.2 　　　㋒ 4.32÷0.6 　　　㋓ 4.32÷1.5

（ 　　　　　　　　 ）

5 よく出る 15.1m のロープがあります。このロープを 1.8m ずつ切っていくと，1.8m のロープは何本できて，何m あまりますか。 1つ9〔18点〕

式

答え（ 　　　できて， 　　　あまる ）

6 10 円玉の重さは 4.5g，100 円玉の重さは 4.8g です。100 円玉の重さは 10 円玉の重さの何倍ですか。答えは四捨五入して，$\frac{1}{10}$ の位までのがい数にして求めましょう。 1つ9〔18点〕

式

答え（ 　　　　　　　　 ）

チェック ✔ □ 小数のわり算の筆算ができたかな？
□ わる数と商の大きさの関係がわかったかな？

まとめのテスト ②

 時間 **20** 分

答え 3ページ

得点 /100点

1 1.2 L の代金が 180 円のジュースＡと，0.7 L の代金が 84 円のジュースＢがあります。

1つ7〔42点〕

❶ ジュースＡ 1 L とジュースＢ 1 L のねだんはそれぞれ何円ですか。

式

答え　ジュースＡ（　　　　　　　）　ジュースＢ（　　　　　　　）

❷ ジュースＡ 1 L のねだんは，ジュースＢ 1 L のねだんの何倍ですか。

式

答え（　　　　　　　）

❸ ジュースＢ 1 L のねだんは，ジュースＡ 1 L のねだんの何倍ですか。

式

答え（　　　　　　　）

2 よく出る はるかさんは，ある数を 3.6 でわるところを，まちがえて，ある数に 3.6 をかけてしまったので，答えが 9.72 になってしまいました。

1つ7〔28点〕

❶ ある数はいくつですか。

式

答え（　　　　　　　）

❷ はるかさんがしようとしていたわり算の正しい答えはいくつですか。

式

答え（　　　　　　　）

3 よく出る 32.5 L の灯油を 3.3 L ずつ容器に分けていきます。容器は何個できて，灯油は何 L あまりますか。

1つ7〔14点〕

式

答え（　　　　できて，　　　　あまる）

4 面積が 5.2 m² の板の重さをはかったら，29.3 kg ありました。この板 1 m² の重さは何 kg ですか。四捨五入して，$\frac{1}{100}$ の位までのがい数で求めましょう。

1つ8〔16点〕

式

答え（　　　　　　　）

□ あまりのある小数のわり算ができたかな？
□ 小数のわり算で，がい数で商を表すことができたかな？

4 合同な図形

① 合同な図形
基本のワーク

答え 3ページ

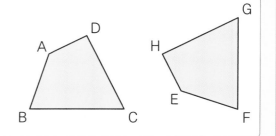

☆ 右の図の2つの四角形は合同です。
辺CDに対応する辺，角Bと大きさが等しい
角をそれぞれ答えましょう。

とき方 2つの四角形をぴったり重ねたとき，
重なる辺や角をさがします。

辺CDと重なるのは，辺 □

角Bと重なるのは，角 □

答え 辺CD…辺 □，角B…角 □

🐶 **たいせつ**

きちんと重ねあわせることができる2つ
の図形は**合同**であるといいます。合同な図
形では，**対応する辺**の長さが等しく，**対応
する角**の大きさが等しくなっています。

❶ 下の図で，合同な三角形はどれとどれですか。すべて選びましょう。

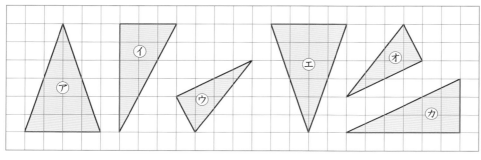

辺や角を
調べよう。

（　　と　　）（　　と　　）（　　と　　）

❷ 右の図の2つの四角形は合同です。
❶ 頂点Aに対応する頂点はどれですか。

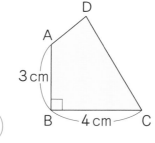

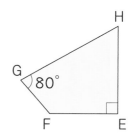

（　　　　　）

❷ 辺EHの長さは何cmですか。

（　　　　　）

❸ 角Dの大きさは何度ですか。

（　　　　　）

合同な図形では，どの辺とどの辺，どの角とどの角がそれぞれ対応するのかを見つけること
がたいせつです。

② 合同な三角形のかき方
基本のワーク

答え 3ページ

やってみよう

☆ 右の図の三角形 ABC と合同な三角形をかきましょう。

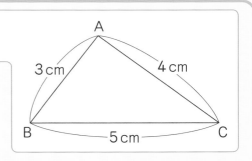

とき方 図をかくときの手順は次の通りです。

① 定規を使って 5cm の辺 BC をかく。

② 点 B にコンパスのはりをあて，半径 3cm の円の一部をかく。

③ 点 C にコンパスのはりをあて，半径 4cm の円の一部をかく。

④ ②と③が交わった点を A として，A と B，A と C を結ぶ。

答え

🐾 **たいせつ**

合同な図形はコンパスや定規，分度器を使ってかきます。次のどれかがわかっていると，合同な三角形がかけます。
《1》3つの辺の長さ
《2》2つの辺の長さとその間の角の大きさ
《3》1つの辺の長さとその両はしの角の大きさ

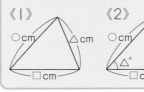

① 次の三角形 ABC と合同な三角形をかきましょう。

❶

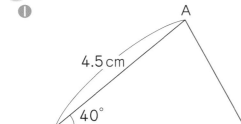

❷

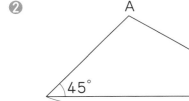

ポイント 《1》のかき方はコンパスと定規を使います。
《2》，《3》のかき方では，分度器も使います。

③ 合同な四角形のかき方

基本のワーク

答え 4ページ

☆ 右の図の四角形ABCDと合同な四角形を
かきましょう。

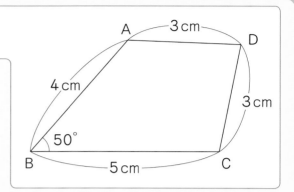

とき方 図をかくときの手順は次の通りです。

① 三角形 ABC と合同な三角形をかく。

② 点 A にコンパスのはりをあて，
半径 3cm の円の一部をかく。

③ 点 C にコンパスのはりをあて，
半径 3cm の円の一部をかく。

④ ②と③の交わった点を D として，
A と D，C と D を結ぶ。

三角形 ABC と合同な三角形を
かくには，次のようにするとい
いね。
《1》5cm の辺 BC をかく。
《2》分度器で 50° をはかり，
定規で 4cm の長さを決め
て，点 A をとる。
《3》A と B，A と C を結ぶ。

答え

1 次の四角形 ABCD と合同な四角形をかきましょう。

❶
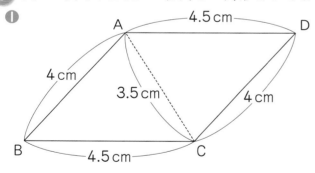

❷
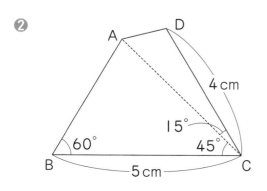

ポイント 合同な四角形をかくときは，2 つの三角形に分けてかくとよいでしょう。

まとめのテスト

時間 **20**分

得点 /100点

答え 4 ページ

1 下の図で, 合同な三角形はどれとどれですか。すべて選びましょう。　1つ10〔30点〕

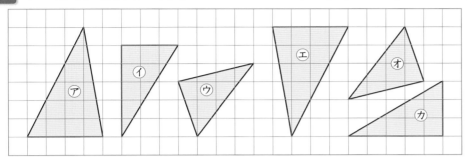

（　　　と　　　）（　　　と　　　）（　　　と　　　）

2 右の図の 2 つの四角形は合同です。　1つ10〔30点〕

❶　頂点 D に対応する頂点はどれですか。

（　　　　　　）

❷　辺 GF の長さは何 cm ですか。

（　　　　　　）

❸　角 E の大きさは何度ですか。

（　　　　　　）

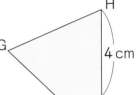

3 よく出る 次の三角形 ABC と合同な三角形をかきましょう。　〔20点〕

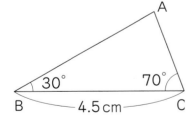

4 次の四角形 ABCD と合同な四角形をかきましょう。　〔20点〕

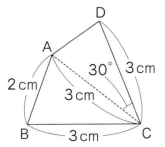

チェック✓　□ 合同な図形の性質を理解できたかな？
　　　　　　□ 合同な図形をかくことができたかな？

5 整数の性質

① 偶数と奇数
基本のワーク

答え 4ページ

> ☆ 32人の児童をA, Bの2つのグループに分けます。Aのグループの人数が15人の とき, Bのグループの人数は偶数ですか, 奇数ですか。

とき方 Bのグループの人数は, 32－15＝17（人）

Bのグループの人数を2でわると,

17÷2＝□ あまり □ だから,

Bのグループの人数は, 2×□＋□ と表せます。

答え □

たいせつ

偶数…2でわりきれる整数
→ 2×整数（0は偶数）
奇数…2でわりきれない整数
→ 2×整数＋1

1 1から13までの整数を, 偶数と奇数に分けましょう。

偶数 (　　　　　　　　　　　　　　) 奇数 (　　　　　　　　　　　　　　)

2 例にならって, □にあてはまる式やことばを書きましょう。

例 10 … 10＝ 2×5 と表せるから, 10は 偶数 。

13 … 13＝ 2×6＋1 と表せるから, 13は 奇数 。

❶ 19 … 19＝ [　　　　] と表せるから, 19は [　　　]

❷ 24 … 24＝ [　　　　] と表せるから, 24は [　　　]

> 偶数と奇数の見分け方を
> しっかり覚えよう！

3 例にならって, □にあてはまる数やことばを書きましょう。

例 29の一の位の数 9 は 奇数 だから, 29も 奇数

❶ 78の一の位の数 [　　　] は [　　　] だから, 78も [　　　]

❷ 135の一の位の数 [　　　] は [　　　] だから, 135も [　　　]

4 65まいのカードを, さとるさんとみきさんの2人で分けます。

❶ さとるさんのカードのまい数が奇数のとき, みきさんのまい数は偶数ですか, 奇数ですか。

(　　　　　　　　　　)

❷ みきさんのカードのまい数が偶数のとき, さとるさんのまい数は偶数ですか, 奇数ですか。

(　　　　　　　　　　)

ポイント ある整数の一の位の数が偶数のとき, その整数は偶数です。
ある整数の一の位の数が奇数のとき, その整数は奇数です。

② 倍数と公倍数
基本のワーク

答え 4ページ

やってみよう

☆ 長さが3cmの紙テープAと長さが2cmの紙テープBをそれぞれ別にのりしろをつくらずにつなぎます。両方の全体の長さが等しくなるのは，その長さが何cmのときですか。長さを短いほうから順に3つ答えましょう。

とき方 Aの全体の長さは3cmの倍数，Bの全体の長さは2cmの倍数だから，両方の全体の長さが等しくなるのは，3cmと2cmの □□□□ のときです。

```
      3cm
A  ┌──┬──┬──┬──┬──┬──┐ …
   │  │  │  │  │  │  │
   └──┴──┴──┴──┴──┴──┘
B  ┌─┬─┬─┬─┬─┬─┬─┬─┬─┐ …
   │ │ │ │ │ │ │ │ │ │
   └─┴─┴─┴─┴─┴─┴─┴─┴─┘
   2cm
```

3の倍数は，小さいほうから順に，3，6，9，12，15，18，…で，このうち，
2の倍数でもあるものは，小さいほうから順に，6，□，□，…です。

答え 6cm，□cm，□cm

たいせつ

3の倍数…3に整数をかけた数（0はふくめません。）
2と3の公倍数…2の倍数と3の倍数のうち，共通の数

❶ ある駅では，電車が12分ごとに出発します。午前6時に1番目の電車が発車しました。2番目，3番目，4番目の電車の発車時刻は，それぞれ午前何時何分ですか。

2番目（　　　　　）　3番目（　　　　　）　4番目（　　　　　）

❷ 重さが6gのおもりAと重さが9gのおもりBをそれぞれ別に集めて重さをはかります。全体の重さが等しくなるのは何gのときですか。重さを軽いほうから順に3つ答えましょう。

（　　　　　）（　　　　　）（　　　　　）

❸ たてが6cm，横が8cmの長方形のカードを同じ向きにすきまなくならべて，正方形をつくります。できる正方形の1辺の長さは何cmですか。1辺の長さを短いほうから順に3つ答えましょう。

正方形の辺の長さは等しいから6と8の公倍数を考えるんだね。

（　　　　　）（　　　　　）（　　　　　）

ポイント 2つの数の公倍数を求めるには，大きいほうの数の倍数のうち，小さいほうの数でわりきれる数をさがしてもよいでしょう。

③ 公倍数と最小公倍数
基本のワーク

答え 5ページ

☆ たてが 3 cm，横が 4 cm の長方形のタイルを同じ向きにすきまなくならべて，正方形をつくります。いちばん小さい正方形の1辺の長さは何 cm ですか。また，この正方形をつくるには，タイルが何まい必要ですか。

とき方 正方形のたての長さは，3 の倍数，横の長さは，4 の倍数だから，正方形の1辺の長さは，3 と 4 の ［　　　］ です。

とくに，いちばん小さい正方形の1辺の長さは，3 と 4 の ［　　　　　］ です。

4 の倍数は，小さいほうから順に，4，8，12，…

このうち，3 の倍数でもある数は，［　］だから，

いちばん小さい正方形の1辺の長さは，［　］cm です。

このとき，必要なタイルのまい数は，

たて ➡ ［　］÷3＝4，

横 ➡ ［　］÷4＝［　］だから，

全部で，4×［　］＝［　］

4 cm
3 cm

😴 **たいせつ**

最小公倍数…公倍数のうち，いちばん小さい数

答え 1辺の長さ…［　　］cm，タイルのまい数…［　　］まい

---

1 ある駅では，電車は 6 分ごと，バスは 10 分ごとに出発します。午前 8 時に電車とバスが同時に出発しました。次に電車とバスが同時に出発するのは，午前何時何分ですか。

（　　　　　　　　　）

2 たてが 9 cm，横が 12 cm の長方形の紙を同じ向きにすきまなくならべて，正方形をつくります。いちばん小さい正方形の1辺の長さは何 cm ですか。また，この正方形をつくるには，長方形の紙が何まい必要ですか。

1辺の長さ（　　　　　　　）　紙のまい数（　　　　　　　）

3 みかんが何個かあります。このみかんは，同じ個数ずつ 8 人に分けても 14 人に分けても，あまりなく分けることができます。このとき，考えられるいちばん少ないみかんの個数は何個ですか。

> みかんの個数は 8 と 14 の最小公倍数になるよ。

（　　　　　　　　　）

ポイント 2 つの数の公倍数は，2 つの数の最小公倍数の倍数になっています。

④ 約数と公約数
基本のワーク

答え 5ページ

やってみよう

☆ 12個のあめと8個のガムをそれぞれ同じ数ずつあまりがでないようにして，何人かの子どもに分けます。子どもの人数として考えられる人数をすべて答えましょう。

とき方 あめにあまりがでないときの人数は12の約数，

ガムにあまりがでないときの人数は8の約数だから，

子どもの人数は，12と8の 　　　　　 です。

8の約数は，1，2，□，□で，

このうち，12の約数でもある数は，

1，□，□です。

答え 1人，□人，□人

たいせつ

8の約数…8をわりきる整数
（1や8もふくめます。）
8と12の公約数…8の約数と
12の約数のうち，共通な数

子どもの人数が1人のときは，1人にあめとガムをすべてあげることになるよ。

① 16個のりんごと24個のみかんをそれぞれ同じ数ずつあまりがでないようにして，何人かの子どもに分けます。子どもの人数として考えられる人数をすべて答えましょう。

(　　　　　　　　　　　　　)

② 1辺の長さが1cmの正方形の紙が20まいあります。この紙をあまりなくしきつめて，長方形をつくります。このときできる長方形のたてと横の長さについて，次の表の空らんにあてはまる数を書きましょう。ただし，たての長さは，短いほうから順に書きましょう。

たての長さ（cm）	1					
横の長さ（cm）						

③ たてが18cm，横が12cmの長方形の紙に，同じ大きさの正方形の紙をすきまなくしきつめます。このとき，正方形の1辺の長さと，必要な紙のまい数について，次の表の空らんにあてはまる数を書きましょう。ただし，正方形の1辺の長さは整数であるものとし，表には長さが短いほうから順に書きましょう。

1辺の長さ（cm）	1			
紙のまい数（まい）				

正方形の1辺の長さは，18と12の公約数になるね！

ポイント 2つの数の公約数を求めるには，小さいほうの数の約数のうち，大きいほうの数をわりきる数をさがすとよいです。

⑤ 公約数と最大公約数
基本のワーク

答え 5ページ

やってみよう

☆ たてが 12 cm，横が 16 cm の長方形の紙を切り，紙のあまりがでないように，同じ大きさで辺の長さが整数の正方形に分けます。いちばん大きい正方形の 1 辺の長さは何 cm ですか。また，そのとき，正方形の紙は何まいできますか。

とき方　正方形のたての長さは 12 の約数，横の長さは 16 の約数だから，

正方形の 1 辺の長さは，12 cm と 16 cm の ☐☐☐☐ です。

とくに，いちばん大きい正方形の 1 辺の長さは，

12 と 16 の ☐☐☐☐ になります。

12 の約数は，1，2，3，☐，☐，☐ で，

このうち，16 の約数でもある数は，1，2，☐ だから，

いちばん大きい正方形の 1 辺の長さは，☐ cm です。

このとき，できる正方形のまい数は，

たて ➡ 12 ÷ ☐ = ☐ ，

横 ➡ 16 ÷ ☐ = ☐ だから，

求めるまい数は，☐ × ☐ = ☐

12 cm

16 cm

たいせつ

最大公約数…公約数のうち，いちばん大きい数

答え　1 辺の長さ… ☐ cm，紙のまい数… ☐ まい

❶ 18 人の中学生と 24 人の小学生がいます。中学生だけ，小学生だけを同じ人数ずつのグループに分けて，あまる人がでないようにします。グループの数ができるだけ少なくなるように分けるとき，1 つのグループの人数は何人になりますか。

（　　　　　　　）

❷ たてが 27 cm，横が 36 cm の長方形の紙に，同じ大きさの正方形の紙をすきまなくしきつめるとき，いちばん大きい正方形の 1 辺の長さは何 cm ですか。また，そのとき，正方形の紙は何まい必要ですか。

1 辺の長さ（　　　　　　　）　まい数（　　　　　　　）

❸ 48 本のペンと 56 本のえんぴつを，どの子どもにもそれぞれ同じ数ずつ，あまりがでないように，できるだけ多くの子どもに分けます。何人に分けることができますか。また，1 人にペンとえんぴつは何本ずつ分けることになりますか。

人数（　　　　　　　）　ペン（　　　　　　　）　えんぴつ（　　　　　　　）

ポイント　2 つの数の公約数は，2 つの数の最大公約数の約数になっています。

まとめのテスト

勉強した日〉　月　日

時間 **20**分

得点 /100点

1 35人の子どもを，AグループとBグループに分けます。Aグループの人数が奇数のとき，Bグループの人数は偶数ですか，奇数ですか。　　　　〔10点〕

（　　　　　　　　　　）

2 厚さが12mmの鉄の板と厚さが20mmの木の板をそれぞれ別に重ねていきます。
1つ15〔30点〕

❶　はじめて全体の高さが等しくなるのは，高さが何cmのときですか。

（　　　　　　　　　　）

❷　はじめて全体の高さが等しくなるとき，鉄の板と木の板のまい数はそれぞれ何まいですか。

鉄の板（　　　　　　　　）　木の板（　　　　　　　　）

3 よく出る あるバス停から，A町行きのバスは21分ごと，B町行きのバスは28分ごとに発車します。午前7時ちょうどにA町行きとB町行きの2つのバスが同時に発車しました。次にこの2つのバスが同時に発車するのは，午前何時何分ですか。　　〔10点〕

（　　　　　　　　　　）

4 よく出る 18個のケーキと27個のプリンを，それぞれ同じ数ずつ，あまりがでないように，できるだけ多くの人に分けます。
1つ15〔30点〕

❶　何人に分けることになりますか。

（　　　　　　　　　　）

❷　1人にケーキとプリンをそれぞれ何個ずつ分けることになりますか。

ケーキ（　　　　　　　　）　プリン（　　　　　　　　）

5 たてが16cm，横が40cmの長方形の厚紙を切り，紙のあまりがでないように，同じ大きさで辺の長さが整数の正方形に分けます。いちばん大きい正方形に分けるとき，正方形の紙は何まいできますか。　　〔20点〕

（　　　　　　　　　　）

□ 偶数と奇数を見分けることができたかな？
□ 公倍数，最小公倍数，公約数，最大公約数を求められたかな？

① 三角形の角
基本のワーク

答え 5ページ

⭐ 右の図の三角形で，⑰の角の大きさを求めましょう。

とき方 三角形の 3 つの角の大きさの和は，□° だから，

⑰＋52°＋67°＝□°

⑰＝□°－（52°＋67°）

＝□°

答え □°

🐶 **たいせつ**
三角形の 3 つの角の大きさの和は，180° です。

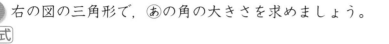

1 右の図の三角形で，⑰の角の大きさを求めましょう。

式

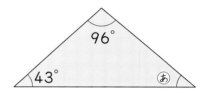

答え （　　　　　）

2 右の図の二等辺三角形で，⑤の角の大きさを求めましょう。

式

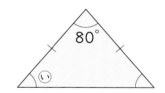

答え （　　　　　）

3 右の図で，⑦，⑤の角の大きさを求めましょう。

式

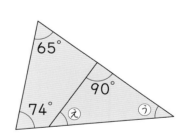

答え　⑦（　　　　　）　⑤（　　　　　）

4 右の図で，⑰の角の大きさを求めましょう。

式

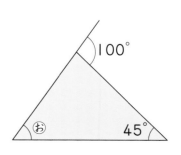

答え （　　　　　）

90°より大きい角をもっている三角形でも，三角形の 3 つの角の大きさの和は，180° です。

② 四角形の角
基本のワーク

答え 6ページ

☆ 右の図の四角形で，あの角の大きさを求めましょう。

とき方 右の図のように，四角形は1本の対角線で2つの三角形に分けることができるから，四角形の4つの角の大きさの和は，

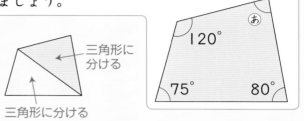

三角形に分ける

$180° \times 2 = \boxed{}°$ です。

$120° + 75° + 80° + ⓐ = \boxed{}°$

$ⓐ = \boxed{}° - (120° + 75° + 80°)$

　　$= \boxed{}°$

たいせつ
四角形の4つの角の大きさの和は，360°です。

答え $\boxed{}°$

❶ 右の図の四角形で，あの角の大きさを求めましょう。
式

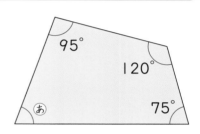

答え（　　　　　　　）

❷ 右の図の四角形で，ⓘの角の大きさを求めましょう。
式

答え（　　　　　　　）

❸ 右の図も四角形です。うの角の大きさを求めましょう。
式

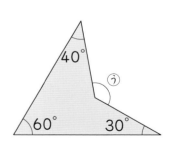

四角形の内側にあるうの反対側の角度を求めてみましょう。また，2つの三角形に分けて考えることもできます。

答え（　　　　　　　）

ポイント ❸のような180°より大きい角をもっている四角形でも，四角形の4つの角の大きさの和は，360°です。

③ 多角形の角
基本のワーク

答え　6ページ

☆ 右のような五角形の角の大きさの和は，何度ですか。

とき方　対角線で三角形に分けて考えます。

　　□　個の三角形に分けられるから，

180°×□=□°　　　　　**答え**　□°

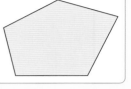
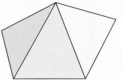

🐶 **たいせつ**

直線で囲まれた図形を**多角形**といいます。●角形は，（●ー2）個の三角形に分けることができるから，角の大きさの和は，180°×（●ー2）で求められます。

---

1 六角形の角の大きさの和は何度ですか。

式

答え（　　　　　　　　）

2 七角形の角の大きさの和は何度ですか。

式

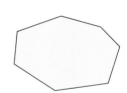

答え（　　　　　　　　）

3 五角形の角の大きさの和を，❶～❸の図のように分けて求めます。それぞれの考え方にあう式と答えを書きましょう。

❶　式　180°+□°=□°

答え（　　　　　　　　）

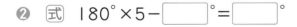

❷　式　180°×5ー□°=□°

答え（　　　　　　　　）

❸　式　180°×4ー□°=□°

答え（　　　　　　　　）

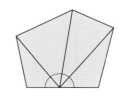

32

ポイント　多角形の角の大きさの和は，三角形に分けて求めることができます。●角形は，1つの頂点からひいた対角線で（●ー2）個の三角形に分けられ，角の大きさの和は180°×（●ー2）です。

まとめのテスト

答え 6ページ

得点
/100点

1 よく出る 右の図で，あの角の大きさを求めましょう。

式　　　　　　　　　　　　　　　　　　1つ8〔16点〕

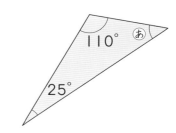

答え（　　　　　　　　　）

2 右の図で，いの角の大きさを求めましょう。　　1つ8〔16点〕

式

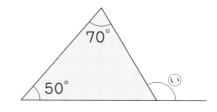

答え（　　　　　　　　　）

3 右の図で，うの角の大きさを求めましょう。　　1つ8〔16点〕

式

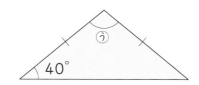

答え（　　　　　　　　　）

4 よく出る 右の図で，えの角の大きさを求めましょう。

式　　　　　　　　　　　　　　　　　　1つ8〔16点〕

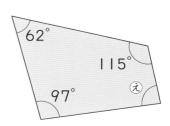

答え（　　　　　　　　　）

5 右のような八角形の角の大きさの和は，何度ですか。

式　　　　　　　　　　　　　　　　　　1つ8〔16点〕

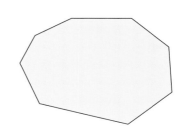

答え（　　　　　　　　　）

6 右の図のように，三角定規を組み合わせてできたおの角の大きさを求めましょう。　　1つ10〔20点〕

式

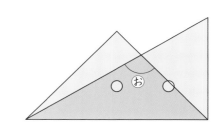

答え（　　　　　　　　　）

 チェック ✓　□ 三角形，四角形の角の大きさの和を使って，角度を求められたかな？
□ 多角形の角の大きさの求め方が理解できたかな？

7 分数のたし算の問題

① 分数のたし算の問題 (1)
基本のワーク

答え 6ページ

☆ 重さが $\frac{1}{3}$ kg のびんに油が $\frac{5}{12}$ kg 入っています。重さは合わせて何kg ですか。

とき方 分母がちがう分数のたし算を考えます。

$$\frac{1}{3} + \frac{5}{12} = \boxed{} + \frac{5}{12} = \boxed{} = \boxed{}$$

通分　　　　　　　　　約分

たいせつ

分母がちがう分数のたし算では，分母を通分してから計算します。
分母を通分するときは，分母の最小公倍数にそろえます。
答えが約分できるときは，約分して答えます。

答え $\boxed{}$ kg

1 A のびんにはジュースが $\frac{1}{2}$ L，B のびんにはジュースが $\frac{3}{10}$ L 入っています。ジュースは合わせて何L ありますか。

式

答え（　　　　　）

2 まことさんの家から公園までの道のりは $\frac{2}{3}$ km，公園から学校までの道のりは $\frac{3}{5}$ km です。まことさんの家から公園を通って学校まで行くと，道のりは全部で何km ですか。

式

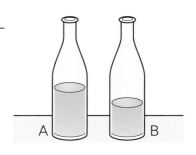

公園

$\frac{2}{3}$ km　　$\frac{3}{5}$ km

家　　　　学校

答え（　　　　　）

3 リボンをあやさんは $\frac{3}{4}$ m，みきさんは $\frac{5}{6}$ m，さえさんは $\frac{2}{3}$ m 持っています。

❶ だれのリボンがいちばん長いですか。通分して比べましょう。

（　　　　　）

❷ 3 人の持っているリボンは合わせて何m ですか。

式

答え（　　　　　）

　分母の最小公倍数で通分してからたします。答えが約分できるときは約分して答えましょう。また，通分すると，分数の大小を比べることもできます。

② 分数のたし算の問題 (2)
基本のワーク

答え 6ページ

🌟 牛にゅうが $\frac{2}{5}$ L あります。今日，牛にゅうを $1\frac{1}{2}$ L 買ってきました。牛にゅうは全部で何 L になりましたか。

とき方 分母がちがう分数のたし算を考えます。

$\frac{2}{5} + 1\frac{1}{2} = \boxed{} + 1\boxed{} = \boxed{}$

通分　　通分

答え $\boxed{}$ L

たいせつ
帯分数をふくむ分数のたし算では，分数の部分を通分してからたします。
仮分数になおしてから計算し，仮分数のまま答えてもよいですが，帯分数で答えたほうが量をとらえやすくなります。

❶ かなえさんは，昨日 $1\frac{3}{5}$ 時間勉強しました。今日は $\frac{2}{3}$ 時間勉強しました。かなえさんは昨日と今日で，合わせて何時間勉強しましたか。

式

答え（　　　　　）

❷ たかしさんはおばさんの家に行くのに，行きは $1\frac{1}{6}$ 時間，帰りは $\frac{4}{5}$ 時間かかりました。往復で何時間かかりましたか。

式

答え（　　　　　）

❸ 重さが $3\frac{5}{6}$ kg のすいかA と $3\frac{7}{10}$ kg のすいかB，$\frac{3}{5}$ kg の箱があります。
❶ すいかA とすいかB では，どちらが重いですか。通分して比べましょう。

（　　　　　）

❷ すいかA とすいかB を箱につめると，重さは全部で何kg ですか。

式

答え（　　　　　）

ポイント 3つの分数を通分するときは，3つの分母の最小公倍数にそろえます。

35

③ 分数のたし算の問題（3）
基本のワーク

答え 6ページ

☆ ジュースを $\frac{1}{4}$ L 飲んだところ，ジュースの残りの量は $\frac{5}{6}$ L になりました。ジュースははじめ，何L ありましたか。

とき方 ジュースのはじめの量を□L とすると，

$\square - \frac{1}{4} = \frac{5}{6}$ だから，

$\square = \frac{5}{6} + \frac{1}{4} = \frac{10}{12} + \boxed{} = \boxed{}$

通分　通分

答え $\boxed{}$ L

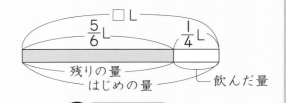

残りの量
はじめの量
飲んだ量

たいせつ
整数の計算で成り立つ計算のきまりは，分数の計算でも成り立ちます。

❶ あきなさんがひもを $\frac{1}{6}$ m切り取ったら，残りのひもの長さが $\frac{17}{24}$ mになりました。ひもははじめ，何mありましたか。

式

答え（　　　　　　）

❷ まさやさんは1日の勉強時間のうち，はじめの $\frac{4}{9}$ 時間は国語の勉強をして，残りの $\frac{13}{18}$ 時間は算数の勉強をしました。まさやさんの1日の勉強時間は何時間ですか。

式

答え（　　　　　　）

❸ しんごさんはマラソンをしています。スタートから第1チェックポイントまでは $2\frac{1}{6}$ km走り，そこから第2チェックポイントまでは $1\frac{3}{4}$ km走りました。第2チェックポイントからゴールまではあと $1\frac{7}{8}$ km残っています。スタート地点からゴール地点までは何kmですか。

式

答え（　　　　　　）

ポイント　「残り」ということばにまどわされて，ひき算をしないようにしましょう。
図をかくなどして，問題文の意味を整理するとよいでしょう。

まとめのテスト

時間 **20**分

得点 /100点

答え 6ページ

1 よく出る ひろみさんは国語を $\frac{3}{4}$ 時間，算数を $\frac{4}{5}$ 時間勉強しました。
合わせて何時間勉強しましたか。　　　　　　　　　　1つ10〔20点〕

式

答え（　　　　　　　）

2 はるなさんは $\frac{5}{6}$ m² の花だんに，妹は $\frac{2}{3}$ m² の花だんに花のなえを植えました。2人合わせて何 m² の花だんに花のなえを植えましたか。　　　　　　　1つ10〔20点〕

式

答え（　　　　　　　）

3 よく出る $\frac{3}{8}$ kg のかごに，$\frac{7}{12}$ kg の果物を入れて，重さをはかりました。全部で何 kg ですか。
　　　　　　　　　　　　　　　　　　　　　　　　1つ10〔20点〕

式

答え（　　　　　　　）

4 たつやさんは午前中に $1\frac{3}{4}$ m² のへいにペンキをぬりました。
午後にさらに $2\frac{2}{3}$ m² のへいにペンキをぬると，全部で何 m² の
へいにペンキをぬることになりますか。　　1つ10〔20点〕

式

答え（　　　　　　　）

5 石油ストーブに灯油が入っています。昨日は灯油を $\frac{2}{3}$ L 使い，今日は灯油を $1\frac{1}{6}$ L
使ったので，残りの灯油が $1\frac{17}{18}$ L になりました。はじめ，灯油は何 L 入っていましたか。

式　　　　　　　　　　　　　　　　　　　　　　　　1つ10〔20点〕

答え（　　　　　　　）

□ 分母のちがう分数を通分して大きさを比べることができたかな？
□ 分母のちがう分数のたし算ができたかな？

37

① 分数のひき算の問題 (1)
基本のワーク

答え 7ページ

☆ あやなさんは，昨日は $\frac{2}{3}$ 時間，今日は $\frac{5}{7}$ 時間勉強しました。昨日と今日では，勉強時間はどちらのほうが何時間長いですか。

とき方 分母がちがう分数のひき算を考えます。

$\frac{2}{3} = \frac{14}{21}$，$\frac{5}{7} = \boxed{}$ だから，昨日と今日では，$\boxed{}$ のほうが勉強時間が長いことが

わかります。昨日と今日の勉強時間の差は，$\boxed{} - \frac{14}{21} = \boxed{}$

答え $\boxed{}$ のほうが $\boxed{}$ 時間長い

たいせつ
分母がちがう分数のひき算では，分母を通分してから計算します。

❶ ゆうなさんはリボンを $\frac{5}{6}$ m，妹は $\frac{5}{8}$ m 持っています。どちらのほうが何m長いですか。
式

答え（　　　　　のほうが　　　　　長い）

❷ 家から学校までの道のりを調べたところ，ゆみさんは $\frac{7}{10}$ km，ななこさんは $\frac{3}{4}$ km ありました。家から学校までは，どちらのほうが何km遠いですか。
式

答え（　　　　　のほうが　　　　　遠い）

❸ つとむさん，とおるさん，まさとさんの3人が持久走をしています。つとむさんはゴールまでに $\frac{5}{16}$ 時間，とおるさんは $\frac{3}{8}$ 時間，まさとさんは $\frac{5}{24}$ 時間かかりました。いちばん早くゴールした人といちばんおそくゴールした人の差は何時間ですか。
式

答え（　　　　　　　）

ポイント　まず，通分してどちらが大きいかを調べ，大きいほうから小さいほうをひいてちがいを求めます。約分できるときは約分して答えましょう。

② 分数のひき算の問題 (2)
基本のワーク

答え 7ページ

やってみよう

☆ 家から駅までの道のりは $2\frac{5}{8}$ km です。家から $\frac{3}{4}$ km は歩き，残りはバスに乗って駅に行きます。バスに乗った道のりは何 km ですか。

とき方 分母がちがう分数のひき算を考えます。

$$2\frac{5}{8} - \frac{3}{4} = 2\frac{5}{8} - \boxed{} = 1\boxed{} - \boxed{} = 1\boxed{}$$

通分　1くり下げる

 **たいせつ**

帯分数をふくむ分数のひき算では，分数部分がひけないときは，整数部分から1くり下げて計算します。すべて仮分数になおしてから計算してもよいですが，計算が少し複雑になります。

答え　$\boxed{}$ km

❶ サラダ油が $1\frac{4}{5}$ L あります。$\frac{5}{6}$ L 使うと，残りは何 L になりますか。

式

答え（　　　　　　　）

❷ お米が $2\frac{5}{8}$ kg あります。$\frac{11}{12}$ kg 食べると，残りは何 kg になりますか。

式

答え（　　　　　　　）

❸ $5\frac{1}{6}$ m² の畑に肥料をまきます。このうち，$3\frac{8}{9}$ m² に肥料をまきました。あと，何 m² に肥料をまきますか。

式

肥料

答え（　　　　　　　）

❹ 鉄のぼうが 6 m あります。ここから，$2\frac{6}{7}$ m のぼうと $\frac{9}{14}$ m のぼうを切り取りました。鉄のぼうは何 m 残っていますか。

式

答え（　　　　　　　）

 ポイント 答えが仮分数になるときは，仮分数のまま答えてもよいですが，帯分数になおすと量がとらえやすくなります。また，約分できるときは約分しておきます。

③ 分数のひき算の問題 (3)
基本のワーク

答え 7ページ

やってみよう

★ さとうが $\frac{5}{6}$ kg ありました。何 kg か使ったら，残りが $\frac{9}{14}$ kg になりました。さとうは何 kg 使いましたか。

とき方　使ったさとうの量を □ kg とすると，

$$\frac{5}{6} - \square = \frac{9}{14}$$ だから，

$$\square = \frac{5}{6} - \frac{9}{14} = \frac{35}{42} - \boxed{} = \boxed{} = \boxed{}$$

通分　　通分　　　　約分

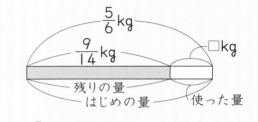

残りの量
はじめの量
使った量

たいせつ

整数の計算で成り立つ計算のきまりは，分数の計算でも成り立ちます。

答え □ kg

❶ 長さが $\frac{7}{12}$ m のひもから，ひもを何 m か切り取ったら，残りが $\frac{2}{15}$ m になりました。切り取ったひもの長さは何 m ですか。

式

答え（　　　　　　　　）

❷ お米が $3\frac{7}{9}$ kg ありました。今日，お米を何 kg か買ってきたので，全部で $5\frac{5}{6}$ kg になりました。買ってきたお米は何 kg ですか。

式

答え（　　　　　　　　）

❸ みきやさんの体重は去年の身体測定では $31\frac{5}{6}$ kg でした。今年の身体測定では $33\frac{3}{8}$ kg でした。みきやさんの体重は 1 年で何 kg 増えましたか。

式

増えた体重を □ kg とすると，
$31\frac{5}{6} + \square = 33\frac{3}{8}$ だから，
$\square = 33\frac{3}{8} - 31\frac{5}{6}$ だね。

答え（　　　　　　　　）

40　**ポイント**　「全部」や「増えた」ということばにまどわされて，たし算をしないようにしましょう。図をかいたりして問題文の意味を整理するとよいでしょう。

④ 分数のひき算の問題（4）

基本のワーク

答え 7 ページ

やってみよう

☆ 牛にゅうが $2\frac{2}{3}$ L ありました。家族みんなで $\frac{5}{6}$ L 飲みましたが，今日 $1\frac{1}{4}$ L 買ってきました。牛にゅうは何 L になりましたか。

とき方 たし算とひき算のまじった分数の計算を考えます。

$$2\frac{2}{3} - \frac{5}{6} + 1\frac{1}{4} = 2\frac{2}{3} + 1\frac{1}{4} - \frac{5}{6}$$

$$= 2\boxed{} + 1\boxed{} - \boxed{} = 3\boxed{} - \boxed{} = \boxed{}$$

先にたしておく

答え $\boxed{}$ L

たいせつ

たし算とひき算がまじった計算では，計算の順序を入れかえるとうまく計算できることがあります。整数の計算で成り立つ計算のきまりは，分数の計算でも成り立ちます。

1 ラッピング用のリボンが $1\frac{2}{3}$ m ありました。$\frac{7}{10}$ m 使ってしまったので，$1\frac{1}{6}$ m 買ってきました。リボンは何mになりましたか。

式

答え（　　　　　　）

2 麦茶が 3 L ありました。大きい水とうに $1\frac{2}{5}$ L，小さい水とうに $\frac{5}{6}$ L 入れました。麦茶は何 L 残っていますか。

式

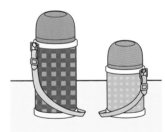

答え（　　　　　　）

3 きよしさんは家族とドライブで湖に行きました。行くときは $2\frac{1}{6}$ 時間 かかりました。湖で休けいをしてから帰りましたが，帰りは道がこんでいたので，$3\frac{1}{3}$ 時間 かかりました。家を出発してから帰るまでに全部で $7\frac{1}{4}$ 時間 かかりました。湖で休けいしていたのは何時間ですか。

式

答え（　　　　　　）

ポイント 3つ以上の数の計算では，計算の順序をくふうすると計算がかんたんになることがあります。

41

まとめのテスト❶

答え 7ページ

時間 **20** 分

得点

/100点

1 やすおさんは，国語を $\frac{3}{4}$ 時間，算数を $\frac{1}{3}$ 時間勉強しました。国語と算数の勉強時間は，どちらのほうが何時間長いですか。 　　　　　　1つ10〔20点〕

式

答え（　　　のほうが　　　　　長い）

2 よく出る ジュースが $\frac{11}{16}$ L あります。 $\frac{5}{12}$ L 飲むと，残りは何 L になりますか。1つ10〔20点〕

式

答え（　　　　　　　　）

3 よく出る 畑が $3\frac{1}{3}$ m² あります。このうち，何m² かに球根を植えたので，畑の残りが $1\frac{5}{6}$ m² になりました。球根を植えた部分は何m² ですか。 　　　　　　1つ10〔20点〕

式

答え（　　　　　　　　）

4 しずかさんの家から駅までの道のりは $2\frac{5}{24}$ km あります。そのとちゅうに図書館があり，しずかさんの家から図書館までの道のりは $1\frac{1}{8}$ km です。図書館から駅までの道のりは何km ですか。 　　　　　　1つ10〔20点〕

式

答え（　　　　　　　　）

5 小麦粉が $\frac{3}{4}$ kg ありました。 $\frac{2}{3}$ kg 使ってしまったので， $\frac{5}{6}$ kg 買ってきました。小麦粉は何kg ありますか。 　　　1つ10〔20点〕

式

答え（　　　　　　　　）

□ 分母がちがう分数のひき算ができたかな？
□ 分数のひき算を使って，分数の大きさを比べることができたかな？

まとめのテスト❷

1 あきこさんは，リボンを $\frac{7}{15}$ m 持っています。妹はリボンを $\frac{5}{12}$ m 持っています。どちらのほうが何 m 長いですか。 1つ10〔20点〕

式

答え（　　　　　のほうが　　　　　長い）

2 よく出る さとうが $\frac{3}{4}$ kg あります。$\frac{2}{5}$ kg 使うと，残りは何 kg になりますか。 1つ10〔20点〕

式

答え（　　　　　　　　　）

3 はるとさんの身長は，去年の身体測定では $1\frac{3}{8}$ m でしたが，今年の身体測定では $1\frac{5}{12}$ m でした。身長は1年間で何 m のびましたか。 1つ10〔20点〕

式

答え（　　　　　　　　　）

4 よく出る はり金が $5\frac{1}{3}$ m ありました。このうち，何 m か使ったので，残りが $3\frac{5}{8}$ m になりました。使ったはり金は何 m ですか。 1つ10〔20点〕

式

答え（　　　　　　　　　）

5 お米が $4\frac{4}{15}$ kg ありました。$3\frac{9}{20}$ kg 食べてしまったので，$3\frac{7}{12}$ kg 買ってきました。お米は何 kg ありますか。 1つ10〔20点〕

式

答え（　　　　　　　　　）

□ 帯分数どうしのひき算ができたかな？
□ 3つの分数のたし算とひき算のまじった計算ができたかな？

① わり算と分数，分数倍
基本のワーク

答え 8ページ

☆ ジュースが 7dL あります。これを 3 つのコップに等しく分けると，1 つのコップには何dL のジュースが入りますか。分数で答えましょう。

とき方 整数÷整数 の商を分数で表すことを考えます。

$$7 \div \boxed{} = \boxed{}$$

答え 　\boxed{}　dL

たいせつ

整数÷整数 の商は，分数の形で表すことができます。このとき，■÷●=\frac{■}{●}のように，わる数が商の分母，わられる数が商の分子になります。

❶ 重さが 3kg の鉄のぼうを 5 本に等しく切り分けます。1 本分の重さは何kg になりますか。分数で答えましょう。
式

答え（　　　　　　　　）

❷ 5L の水を 2 つの容器に等しく分けて入れると，1 つの容器には水が何L 入りますか。分数で答えましょう。
式

答え（　　　　　　　　）

❸ 青いリボンが 6m，赤いリボンが 8m あります。
① 赤いリボンの長さは青いリボンの長さの何倍ですか。
式

答え（　　　　　　　　）

② 青いリボンの長さは赤いリボンの長さの何倍ですか。分数で答えましょう。
式

答え（　　　　　　　　）

③ 青いリボンの長さは赤いリボンの長さの何倍ですか。小数で答えましょう。
式

6÷8を筆算で計算して，小数で答えを出せばいいね。

答え（　　　　　　　　）

整数÷整数 の商は，小数の形のほかに，分数の形でも表すことができます。分数の形で表すとき，約分できるときは，約分して答えましょう。

② 小数と分数
基本のワーク

答え 8ページ

☆ Aのコップには水が $\frac{1}{3}$ L 入っています。Bのコップには水が 0.3 L 入っています。合わせて何 L の水がありますか。分数で答えましょう。

とき方 分数と小数のまじった計算を考えます。

0.3 を分数になおすと，0.3 ＝ ☐ だから，

$\frac{1}{3} +$ ☐ ＝ ☐ ＋ ☐ ＝ ☐

通分　通分

答え ☐ L

 たいせつ

分数と小数がまじった計算では，小数を分数になおしたり，分数を小数になおしたりして計算します。
$0.1 = \frac{1}{10}$，$0.01 = \frac{1}{100}$ などを覚えておくとよいでしょう。

❶ オレンジの重さは $\frac{1}{8}$ kg，りんごの重さは 0.4 kg です。合わせて何kg ですか。分数で答えましょう。
式

答え（　　　　　）

❷ 牛にゅうが $\frac{5}{6}$ L あります。0.5 L 飲むと，残りは何 L になりますか。分数で答えましょう。
式

答え（　　　　　）

❸ 麦茶が $\frac{5}{8}$ L，ジュースが 0.75 L あります。
① ジュースの量を分数で表しましょう。答えは約分して答えましょう。
式

答え（　　　　　）

② 麦茶とジュースは合わせて何 L ありますか。分数で答えましょう。
式

答え（　　　　　）

③ 麦茶とジュースでは，どちらのほうが何 L 多いですか。分数で答えましょう。
式

答え（　　のほうが　　多い）

ポイント 小数を分数になおすときは，分母が 10 や 100 の分数にして表します。

まとめのテスト❶

時間 20分

得点 /100点

答え 8ページ

1 よく出る 長さが 4m の鉄のぼうを 7本に等しく切り分けます。1本分の長さは何m になりますか。分数で答えましょう。　　　　　　　　　　　　　　　　　　　　　　1つ8〔16点〕

式

答え（　　　　　　　）

2 8dL のお茶を 5つの湯飲みに等しく分けて入れます。1つの湯飲みに入れるお茶は何dL ですか。分数で答えましょう。　　1つ8〔16点〕

式

答え（　　　　　　　）

3 よく出る 面積が 6m² の畑と 5m² の花だんがあります。花だんの面積は畑の面積の何倍ですか。分数で答えましょう。　　　　　　　　　　　　　　　　　　　　　1つ9〔18点〕

式

答え（　　　　　　　）

4 A の容器には水が $\frac{5}{6}$ L，B の容器には水が 0.7 L 入っています。　　1つ10〔50点〕

❶ B の容器に入っている水の量を，分数で表しましょう。

（　　　　　　　）

❷ A と B の容器に入っている水は，合わせて何L ですか。分数で答えましょう。

式

答え（　　　　　　　）

❸ A と B の容器では，どちらのほうが何L 多く水が入っていますか。分数で答えましょう。

式

答え（　　　　のほうが　　　　多い）

□ わり算の商を分数で表すことができたかな？
□ 何倍かを分数で表すことができたかな？

時間 **20** 分

得点 /100点

勉強した日 ▶ 　月　　日

1 よく出る 3kg のお米を 8 つの容器に等しく分けます。| つの容器に入るお米は何kg になりますか。分数で答えましょう。　1つ8〔16点〕

式

答え（　　　　　　　　）

2 長さが 14m のひもを 8 本に等しく切り分けます。| 本分の長さは何m になりますか。分数で答えましょう。　1つ8〔16点〕

式

答え（　　　　　　　　）

3 よく出る ジュースが 22dL，コーヒーが 16dL あります。ジュースの量はコーヒーの量の何倍ですか。分数で答えましょう。　1つ9〔18点〕

式

答え（　　　　　　　　）

4 さなえさんはねん土を $\frac{7}{15}$ kg 持っていて，お姉さんから 2.7kg もらいました。　1つ10〔30点〕

❶　お姉さんからもらったねん土の量を分数で表しましょう。

（　　　　　　　　）

❷　さなえさんのねん土は何kg になりましたか。分数で答えましょう。

式

答え（　　　　　　　　）

5 ストーブに灯油が 4.25 L 入っていました。$3\frac{5}{12}$ L 使ったあとで，2.5 L 買ってきて入れました。いま，ストーブには何 L の灯油が入っていますか。　1つ10〔20点〕

式

答え（　　　　　　　　）

□ 小数を分数で表すことができたかな？
□ 分数と小数のまじったたし算やひき算ができたかな？

47

① 平均
基本のワーク

答え 8ページ

やってみよう

☆ たいちさんは漢字テストを4回受けて，その得点が7点，8点，6点，9点でした。
たいちさんが受けた漢字テスト4回の得点の平均は何点ですか。

とき方 平均は，合計÷個数で求められます。

4回の得点の合計は，

$7+8+6+9=$ ☐

4回の得点の平均は，

☐ $÷4=$ ☐

答え ☐ 点

たいせつ

いくつかの数量を，等しい大きさになるようにならしたものを**平均**といいます。
平均は，**合計÷個数** で求めます。

1 つばささんとたかしさんがソフトボール投げを4回ずつ行いました。右の表はその記録を表しています。

つばさ	36m	40m	29m	33m
たかし	28m	41m	30m	25m

❶ つばささんとたかしさんの記録の平均は，それぞれ何mですか。

式

答え つばさ（　　　　　　　） たかし（　　　　　　　）

❷ つばささんとたかしさんでは，どちらのほうが記録がよいといえますか。平均で比べましょう。

（　　　　　　　）

2 えりなさんは，5日間本を読みました。右の表はその記録を表しています。えりなさんが5日間で読んだページ数の平均は何ページですか。

曜日	月	火	水	木	金
ページ数	15	20	0	16	19

式

答え（　　　　　　　）

3 右の表は，みくさんのクラスの2つの班の人の身長を表したものです。A班とB班では，どちらの身長の平均のほうが何cm高いですか。

A班（5人）	B班（4人）
148.5cm	143.5cm
150.5cm	152.0cm
152.0cm	162.0cm
139.5cm	138.5cm
160.5cm	

式

A班とB班の平均をそれぞれ求めてみよう。

答え（　　　　　）の身長の平均のほうが（　　　　　）高い

ポイント 平均＝合計÷個数 の式で求めることができます。
個数のところは，日数や人数の場合もあります。

② 平均と合計，個数
基本のワーク

答え 8ページ

☆ あきらさんの算数のテストの得点は，1回目が90点，2回目が85点でした。3回目に何点を取れば，3回のテストの得点の平均が91点になりますか。

とき方 合計は，□×個数 で求められます。

3回のテストの得点の合計は，91×3＝□

となればよいから，3回目のテストの得点を□点とすると，

90＋85＋□＝□

□＝□−(90＋85)＝□

たいせつ
平均＝合計÷個数
➡ 合計＝平均×個数

答え □点

1 さとしさんは毎月貯金をしています。1月に1200円，2月に1600円貯金しました。3月に何円貯金すると，1月から3月までの3か月の貯金の平均が1500円になりますか。

式

答え (　　　　)

2 ひろきさんはソフトボール投げをしました。1回目と2回目の記録の平均は38mで，3回目の記録は35mでした。

❶ 1回目と2回目の記録の合計は何mですか。

式

答え (　　　　)

❷ この3回の記録の平均は何mですか。

式

答え (　　　　)

3 右の表は，ある小学校の野球部の6年生と5年生の人数と体重の平均を表しています。

❶ 6年生と5年生を合わせた全員の体重の合計は何kgですか。

式

	人数	体重の平均
6年生	16人	34.0kg
5年生	14人	31.6kg

答え (　　　　)

❷ 6年生と5年生を合わせた全員の体重の平均は何kgですか

式

全員の体重の合計を，全員の人数でわればいいね。

答え (　　　　)

 平均から合計を求める式：合計＝平均×個数 と，合計から平均を求める式：平均＝合計÷個数 の2つの式を，すぐ使えるようにしておきましょう。

49

まとめのテスト①

答え 9ページ

1 よく出る 4個のたまごの重さをはかったら，61g，59g，63g，57gでした。この4個のたまごの重さの平均は何gですか。 1つ7〔14点〕

式

答え（ 　　　 ）

2 右の表は，ある週の月曜日から金曜日までの5年生の欠席者の人数を表したものです。1日に平均何人欠席したことになりますか。 1つ7〔14点〕

曜日	月	火	水	木	金
人数（人）	8	5	3	0	10

式

答え（ 　　　 ）

3 よく出る あゆむさんは今までに算数のテストを4回受けて，その4回の得点の平均は77点でした。 1つ8〔32点〕

❶ 4回のテストの得点の合計は何点ですか。

式

答え（ 　　　 ）

❷ 次の5回目のテストで何点取れば，5回のテストの得点の平均が80点になりますか。

式

答え（ 　　　 ）

4 右の表は，あるサッカー部の4年生と5年生の人数と身長の平均を表しています。 1つ10〔40点〕

❶ 4年生と5年生を合わせた全員の身長の合計は何cmですか。

	人数	身長の平均
4年生	15人	142.0cm
5年生	16人	145.1cm

式

答え（ 　　　 ）

❷ 4年生と5年生を合わせた全員の身長の平均は何cmですか。

式

答え（ 　　　 ）

チェック ☑

□ 平均＝合計÷個数 から平均を求めることができたかな？
□ 0をふくめて平均を求めることができたかな？

まとめのテスト❷

答え 9ページ

得点

/100点

時間 20分

1 よく出る 魚を 5 ひきつりました。その大きさは，25cm，18cm，23cm，21cm，33cm でした。この 5 ひきの魚の大きさの平均は何 cm ですか。 1つ7〔14点〕

式

答え（　　　　　）

2 右の表は，A，B，C，D の 4 人の体重を表したものです。この 4 人の体重の平均は何 kg ですか。 1つ7〔14点〕

式

A	B	C	D
36.0 kg	34.5 kg	37.5 kg	42.0 kg

答え（　　　　　）

3 よく出る ちはるさんのお姉さんは 5 教科のテストを受けました。国語，数学，理科，社会の 4 教科の得点の平均は 84 点で，英語をふくめた 5 教科の得点の平均は 86 点でした。 1つ8〔32点〕

❶ 英語をふくめた 5 教科の得点の合計は何点ですか。

式

答え（　　　　　）

❷ 英語のテストの得点は何点ですか。

式

答え（　　　　　）

4 陸上部で走りはばとびをしました。右の表は，その記録を表しています。 1つ10〔40点〕

❶ 5 年生と 4 年生の部員全員の記録の合計は何 cm ですか。

式

	人数	記録の平均
5 年生	16人	295.5 cm
4 年生	18人	274.3 cm

答え（　　　　　）

❷ 5 年生と 4 年生の部員全員の記録の平均は何 cm ですか。四捨五入して，小数第 1 位までのがい数で求めましょう。

式

答え（　　　　　）

□ 合計 ＝ 平均 × 個数 から合計を求めることができたかな？
□ 表から，数量の合計や平均を求めることができたかな？

① 単位量あたりの大きさ
基本のワーク

答え 9ページ

やってみよう

☆ ノートを買いに行きました。A店では10さつで1300円，B店では8さつで1120円で売っていました。どちらのお店のノートのほうが高いといえますか。

とき方 1さつあたりのねだんを求めて比べます。

A店 ➡ 1300÷10＝ ☐

B店 ➡ 1120÷8＝ ☐

☐ 店のほうが高いといえます。

答え ☐ 店

たいせつ

1個あたり，1mあたり，1gあたり，…などのように，「単位量あたりの大きさ」を調べると，ものの大小を比べるときに便利です。

1 A店ではあめ20個を300円で売っています。また，B店では同じあめ15個を240円で売っています。どちらの店のほうがあめを高く売っているといえますか。

式

答え（　　　　　　　　）

2 2.4mの長さで360円の赤いリボンと，3.5mの長さで630円の青いリボンが売られています。どちらのリボンのほうが高いといえますか。

式

答え（　　　　　　　　）

3 さきさんは10歩で5m，みずきさんは15歩で9m歩きます。さきさんとみずきさんでは，どちらのほうが歩はばが広いといえますか。

式

答え（　　　　　　　　）

4 かずやさんは22歩で13.3m歩くことができます。

❶ かずやさんの1歩あたりの歩はばはおよそ何mですか。四捨五入して，小数第1位までのがい数で求めましょう。

式

答え（　　　　　　　　）

❷ かずやさんが39m歩くには，何歩歩けばよいですか。❶の答えを使って求めましょう。

式

答え（　　　　　　　　）

ものの大小を比べるときは，みかけの量の大小ではなくて，単位量あたりの大きさで比べましょう。

② こみぐあい（人口密度）
基本のワーク

答え 9ページ

やってみよう

☆ 広さが 500㎡ の A 公園では子どもが 60 人，広さが 400㎡ の B 公園では子どもが 40 人遊んでいます。どちらの公園のほうがこんでいるといえますか。

とき方　1㎡ あたりの子どもの人数を求めます。

A 公園 ➡ 60÷500＝ □

B 公園 ➡ 40÷400＝ □

□ 公園のほうがこんでいるといえます。

答え □ 公園

たいせつ

こみぐあいを調べるには，1㎡ あたりや 1㎢ あたりの人数や個数を求めます。人口を面積でわって求めた商を，**人口密度**といいます。ふつう，面積の単位には ㎢ を使います。**人口密度＝人口÷面積**

❶ 5年1組では，60 L の水そうに 15 ひきのメダカを飼っています。5年2組では，85 L の水そうに 25 ひきのメダカを飼っています。どちらの水そうのほうがこんでいるといえますか。

式

答え（　　　　　　　　　）

❷ A，B，C の 3 つの花だんの面積と，植えてある花の本数を調べました。右の表はその結果をまとめたものです。

❶　A，B，C の花だんの 1㎡ あたりの花の本数をそれぞれ求めましょう。

式

	面積	花の本数
A	32㎡	320 本
B	24㎡	288 本
C	24㎡	264 本

答え　A（　　　　　）　B（　　　　　）　C（　　　　　）

❷　3 つの花だんの花のこみぐあいを，こんでいる順に答えましょう。

（　　　　　　　　　）

❸ 右の表は，大原町，中山町，小川町の 3 つの町の人口と面積をまとめたものです。3 つの町の人口密度を，それぞれ $\frac{1}{10}$ の位を四捨五入して整数で求めましょう。

式

	面積	人口
大原町	67㎢	52000 人
中山町	56㎢	63000 人
小川町	44㎢	48000 人

答え　大原町（　　　　　　）　中山町（　　　　　　）　小川町（　　　　　　）

ポイント　人口を面積でわると，1㎢（1㎡）あたりのこみぐあいを調べることができます。

まとめのテスト❶

答え 9ページ

1 8個で600gのかんづめAと6個で480gのかんづめBがあります。1個あたりの重さはどちらのかんづめのほうが重いですか。　　　　　　　　　　　　　　　1つ7〔14点〕

式

答え（　　　　　　　　　　）

2 A，B2つの水道管があります。Aの水道管では7分で59.5Lの水を入れることができ，Bの水道管では12分で90Lの水を入れることができます。どちらの水道管のほうがより多くの水を入れることができるといえますか。　　　　　　　　　　　　　　　1つ7〔14点〕

式

答え（　　　　　　　　　　）

3 よく出る 1mあたりの重さが8.5gのはり金があります。　　　　　　1つ8〔32点〕

❶　このはり金7.2mの重さは何gですか。

式

答え（　　　　　　　　　　）

❷　このはり金23.8gの長さは何mですか。

式

答え（　　　　　　　　　　）

4 よく出る 右の表は，A市，B市，C市の人口と面積を，上から2けたのがい数で表したものです。　　1つ8〔40点〕

❶　3つの市の人口密度を，上から2けたのがい数で求めましょう。

式

	人口	面積
A市	72000人	130km²
B市	65000人	140km²
C市	98000人	180km²

答え　A市（　　　　　　）　B市（　　　　　　）　C市（　　　　　　）

❷　3つの市を人口密度が大きい順にならべましょう。

（　　　　　　　　　　　　）

  □単位量あたりの大きさを求めて大小を比べることができたかな？
□単位量あたりの大きさから，全体の量を求めることができたかな？

まとめのテスト❷

時間 **20** 分

得点 ／100点

答え 10ページ

1 よく出る A, B 2 つのじゃがいも畑があり, A の広さは 480 m², B の広さは 640 m² です。今年のじゃがいもの収かく量は A の畑が 360 kg, B の畑が 448 kg でした。どちらの畑のほうがじゃがいもがよくとれたといえますか。　　　　　　　　　　　　　　　　1 つ 7 〔14点〕

式

答え（　　　　　　　　）

2 よく出る みさきさんは 30 歩で 18.1 m 歩きます。　　　　　　　　　　　　1 つ 8 〔32点〕

❶　みさきさんの 1 歩あたりの歩はばはおよそ何 m ですか。上から 1 けたのがい数にして求めましょう。

式

答え（　　　　　　　　）

❷　みさきさんが 42 m 歩くには, 何歩歩けばよいですか。❶の答えを使って, 求めましょう。

式

答え（　　　　　　　　）

3 右の表は, A, B, C の 3 つの市の面積, 人口, 人口密度をまとめたものです。

1 つ 9 〔54点〕

	面積 (km²)	人口 (人)	人口密度 (人)
A 市	180	99000	⑦
B 市	420	④	330
C 市	⑦	58000	232

❶　⑦にあてはまる数を求めましょう。

式

答え（　　　　　　　　）

❷　④にあてはまる数を求めましょう。

式

答え（　　　　　　　　）

チャレンジ ❸　⑦にあてはまる数を求めましょう。

式

答え（　　　　　　　　）

□人口密度を求めてこみぐあいを比べることができたかな？
□面積, 人口, 人口密度の関係が理解できたかな？

55

① 速さの比べ方
基本のワーク

答え 10ページ

やってみよう

☆ ひろしさんは 150m を 60 秒で歩き, まきさんは 80m を 40 秒で歩きます。
ひろしさんとまきさんでは, どちらが速いですか。

とき方 速さは, 単位量あたりの考え方を使って調べることができます。

単位量あたりの大きさとして, 時間, 道のり のどちらをもとにすることもできます。

《1》 1 秒あたりに歩いた道のりを比べます。

150÷□=□（m）, 80÷□=□（m）

《2》 1m あたりにかかった時間を比べます。

60÷□=□（秒）, 40÷□=□（秒）

答え □

たいせつ

時間 あたりの道のり
➡ 道のりが大きいほど速い。

道のり あたりのかかる時間
➡ 時間が短いほど速い。

1 兄は 300m を 48 秒で走り, 妹は 200m を 40 秒で走ります。

❶ 1 秒あたりに走った道のりを求めて, どちらが速いか比べましょう。

式

答え（　　　　　　　）

❷ 1m あたりにかかった時間を求めて, どちらが速いか比べましょう。

式

答え（　　　　　　　）

1m あたりにかかる時間
が短いほうが速いよね！

2 A, B, C の 3 つの新幹線があり, 右の表は, 走る道のりとかかる時間を表したものです。1 時間あたりに走る道のりを調べて, いちばん速い新幹線といちばんおそい新幹線を答えましょう。

式

	道のり	時間
新幹線 A	760km	4時間
新幹線 B	600km	3時間
新幹線 C	525km	2.5時間

答え 速い新幹線（　　　　　　　） おそい新幹線（　　　　　　　）

3 150m を 45 秒で走る自転車と, 80m を 20 秒で走る自転車では, どちらが速いですか。1m あたりにかかる時間を調べて比べましょう。

式

答え（　　　　　　　）

ポイント 時間あたりの道のりを計算するときは, 道のり÷時間 です。
道のりあたりの時間を計算するときは, 時間÷道のり です。

② 速さを求める問題
基本のワーク

答え 10ページ

☆ 右の表は，2つの自動車A，Bの走った道のりとかかった時間を表したものです。それぞれの走る速さを求めましょう。

	道のり	時間
自動車A	162km	3時間
自動車B	600m	40秒

とき方 速さは，単位時間あたりに進む道のりで表し，右の式で求めることができます。

右の式にあてはめて計算すると，

A…162÷ ☐ ＝ ☐

B…600÷ ☐ ＝ ☐

答え A　時速 ☐ km　B　秒速 ☐ m

たいせつ

速さ＝道のり÷時間

ちゅうい

単位に気をつけましょう。
時速 ➡ 1時間に進む道のりで表した速さ
分速 ➡ 1分間に進む道のりで表した速さ
秒速 ➡ 1秒間に進む道のりで表した速さ

❶ 右の表は，2つの自転車A，Bの走った道のりとかかった時間を表したものです。それぞれの走る速さを求めましょう。

式

	道のり	時間
自転車A	800m	4分
自転車B	30km	2.5時間

Aは分速○m，Bは時速△kmのようになるね。

答え A（　　　　　　）B（　　　　　　）

❷ ある人が，180mの坂道を上るのに3分かかり，200mの坂道を下るのに2.5分かかりました。この人の坂道を上る速さと坂道を下る速さをそれぞれ求めましょう。

式

答え 上り（　　　　　　）下り（　　　　　　）

❸ 140kmを3.5時間で走る電車Aと，100kmを2時間で走る電車Bでは，どちらが速いですか。

式

答え（　　　　　　）

ポイント 速さとは，時間あたりの道のりのことです。このことをよく理解しておきましょう。
速さには，時間の単位のとり方によって，時速，分速，秒速などがあります。

③ 道のりを求める問題

基本のワーク

答え 10ページ

やってみよう

☆ ある自動車が, 高速道路を時速 90km で 3 時間走ると, 何km 進みますか。

とき方 速さと時間がわかっていると, 道のりを求めることができます。

道のりを求める式は右のとおりです。

単位に気をつけて, この式にあてはめて求めます。

90× [　] ＝ [　]

答え [　] km

たいせつ

道のり＝速さ×時間

さんこう

道のりを求める式は, 速さを求める式から導くことができます。

速さ＝道のり÷時間
道のり＝速さ×時間

❶ 分速 65m で 18 分間歩くと, 歩いた道のりは何m ですか。

式

この問題では,
速さは分速,
時間は分,
道のりはm だね。

答え (　　　　　　　)

❷ 時速 45km で 2.4 時間走り続けた電車は, 何km 進みましたか。

式

答え (　　　　　　　)

❸ あつとさんは土手のサイクリングコースを自転車で走ったところ, 4 分間で 760m 進みました。

❶ あつとさんの自転車の進む速さは分速何m ですか。

式

答え (　　　　　　　)

❷ あつとさんは, 同じ速さで 7.5 分間走り続けると, 何m 進みますか。

式

答え (　　　　　　　)

ポイント 速さ, 道のり, 時間の 3 つのうちの 2 つがわかっていると残りがわかります。
速さと時間から道のりを求めるときは, 速さと時間をかけます。

④ 時間を求める問題
基本のワーク

答え 10ページ

☆ 家から駅までの道のりは750mです。この道のりを分速60mで歩くと，何分かかりますか。

とき方 道のりと速さがわかっていると，時間がわかります。

時間を求める式は右のとおりです。

単位に気をつけて，この式にあてはめて求めます。

750÷□=□

答え □分

たいせつ
時間＝道のり÷速さ

さんこう
時間を求める式も，速さを求める式から導くことができます。
速さ＝道のり÷時間
時間＝道のり÷速さ

❶ A市から108kmはなれたB市まで，時速45kmの車で行くと，何時間かかりますか。
式

答え（　　　）

❷ 秒速250mで飛んでいる飛行機は，2400m進むのに何秒かかりますか。
式

答え（　　　）

❸ あるマラソン選手がレースで走っているとちゅうのタイムを計ると，2kmをちょうど8分で通過しました。

❶で速さを求めてから，❷で時間を求めるよ。

❶ 出発してからタイムを計ったときまでに，この選手は分速何kmで走りましたか。
式

答え（　　　）

❷ この速さのまま走ると，21kmを走るのに何分かかりますか。
式

答え（　　　）

 この問題でも，速さ，道のり，時間のうちの2つがわかっているとき残りを求めます。時間を求めるときは道のりを速さでわります。求める式がサッとわかることがたいせつです！

59

⑤ 速さ，道のり，時間の問題

基本のワーク

答え 10ページ

☆ あきおさんの自動車は，高速道路を時速 84 km で 35 分間走りました。

❶ 時速 84 km は分速何 km ですか。

❷ あきおさんの自動車は，35 分間で何 km 走りましたか。

とき方 単位がそろっていないときはそろえます。

❶ 1 時間で 84 km 進むとき，1 分でどれだけ進むかを

考えます。1 時間は 60 分だから分速は，

84 ÷ ☐ = ☐

❷ 単位に気をつけて，道のり＝速さ×時間 の式にあて

はめます。

☐ × 35 = ☐

答え ❶ 分速 ☐ km ❷ ☐ km

単位のそろえ方

$$\text{時間} \underset{\div 60}{\overset{\times 60}{\longleftrightarrow}} \text{分} \underset{\div 60}{\overset{\times 60}{\longleftrightarrow}} \text{秒}$$

たいせつ

時速を分速になおすときは，
60 でわります。
　時速☐ km のとき，
　分速は，☐ ÷ 60 (km)

---

❶ あゆみさんは，自転車に乗って時速 9 km で 20 分間走りました。

❶ 時速 9 km は分速何 km ですか。

式

答え（ 　　　　　 ）

❷ あゆみさんは，20 分間で何 km 走りましたか。

式

答え（ 　　　　　 ）

❷ まさおさんは，家から図書館までの 2.4 km を，分速 80 m で歩きました。

❶ 分速 80 m は時速何 km ですか。

式

分速に 60 をかけて
時速になおし，m を
km に変えるよ。

答え（ 　　　　　 ）

❷ まさおさんは，家から図書館まで歩くのに何時間かかりましたか。

式

答え（ 　　　　　 ）

❸ 秒速 20 m の特急電車が，108 km の道のりを走ります。この特急電車は，108 km の道
のりを走るのに何時間かかりますか。

式

答え（ 　　　　　 ）

 速さ・道のり・時間の公式を使うときは，時間や長さの単位がそろっているかをまず確かめます。
このとき，1 分で○ m だと 1 時間で☐ m のように，ていねいに考えることがたいせつです。

⑥ いろいろな速さの問題
基本のワーク

答え 10ページ

☆ 4両編成の列車が，りくさんの前を通過するのに，5秒かかりました。列車の1両の長さが20mのとき，この列車の速さは秒速何mですか。

とき方 道のりと時間から速さを求めます。列車全体の長さは，

$20 \times 4 = \boxed{}$ (m)

通過するまでに列車が進んだ道のりは，列車の長さと等しくなります。

5秒で通過したので，秒速は，

$\boxed{} \div 5 = \boxed{}$

答え 秒速 $\boxed{}$ m

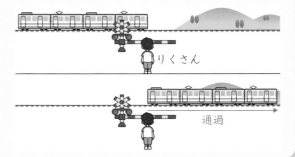

りくさん

通過

1 10両編成の列車が，みゆきさんの前を通過するのに，9秒かかりました。列車の1両の長さは18mです。

❶ この列車全体の長さは何mですか。

式

答え （　　　　　　　）

❷ この列車の速さは秒速何mですか。

式

答え （　　　　　　　）

2 全体の長さが120mの列車が，秒速20mで走っています。この列車が，長さ180mの鉄橋を通過しました。

❶ 鉄橋をわたり始めてから完全に通過するまでに，列車は何m進みますか。

式

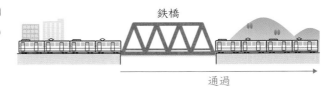

鉄橋

通過

答え （　　　　　　　）

❷ この列車が鉄橋を通過するのに，何秒かかりますか。

式

答え （　　　　　　　）

ポイント 列車の問題は，通過するには列車がどのくらい進めばよいのかを考えます。鉄橋をわたる場合は，列車全体の長さ＋鉄橋の長さ＝通過する道のり です。

まとめのテスト①

答え 11ページ

時間 **20** 分

得点 /100点

1 なおさんは 100m を 16 秒で走り，ただしさんは 240m を 30 秒で走ります。 1つ5〔20点〕

❶ 1秒あたりに走る道のりを求めて，どちらが速いか比べましょう。

式

答え（　　　　　　）

❷ 1m あたりにかかる時間を求めて，どちらが速いか比べましょう。

式

答え（　　　　　　）

2 よく出る 80km を 2.5 時間で走る自動車の時速を求めましょう。 1つ10〔20点〕

式

答え（　　　　　　）

3 よく出る 分速 75m で 16 分間歩くと，何m 進みますか。 1つ10〔20点〕

式

答え（　　　　　　）

4 よく出る A市から 84km はなれた B市まで時速 35km の自動車で行くと，何時間かかりますか。 1つ10〔20点〕

式

答え（　　　　　　）

5 秒速 150m で飛んでいる飛行機の時速は何km ですか。 1つ10〔20点〕

式

答え（　　　　　　）

チェック ☑ □ 速さを求めることができたかな？
□ 道のりを求めることができたかな？

まとめのテスト❷

時間 **20** 分

得点 /100点

1 Aさんは780mの道のりを12分で歩き，Bさんは1200mの道のりを20分で歩きます。どちらが速く歩きますか。 　　　　　　　　　　　　　　　　　　　　　1つ10〔20点〕

式

答え（　　　　　　　　　）

2 よく出る ひろしさんが乗っている自動車は，1.5時間で60km進みました。この速さで走り続けると，3.5時間後には何km進んでいますか。 　　　　　　　　　　1つ10〔20点〕

式

答え（　　　　　　　　　）

3 秒速20mで進んでいる電車は，36km進むのに何分かかりますか。 　　　1つ10〔20点〕

式

答え（　　　　　　　　　）

4 8両編成の列車が，秒速15mで走っています。この列車が鉄橋を通過するのに，30秒かかりました。列車の1両の長さは20mです。 　　　　　　　　　　　　1つ5〔20点〕

❶　この列車全体の長さは何mですか。

式

答え（　　　　　　　　　）

❷　鉄橋の長さは何mですか。

式

答え（　　　　　　　　　）

5 はるかさんは，家を出て2.6kmはなれた公園まで行きました。家を出てから，800mはなれたところにある文ぼう具店までは分速40mで歩き，残りを分速50mで歩きました。公園に着いたのは，家を出てから何分後ですか。 　　　　　　　　　　　　　　1つ10〔20点〕

式

答え（　　　　　　　　　）

 □ 時間を求めることができたかな？
□ 道のり，時間の単位をそろえて計算することができたかな？

63

① 平行四辺形の面積
基本のワーク

答え 11ページ

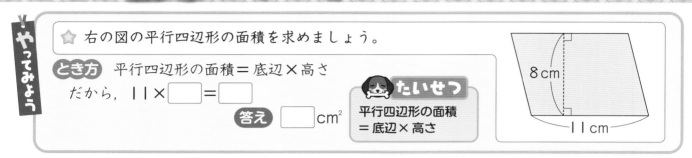

☆ 右の図の平行四辺形の面積を求めましょう。

とき方 平行四辺形の面積＝底辺×高さ
だから，11×□＝□

答え □cm²

たいせつ
平行四辺形の面積
＝底辺×高さ

8cm
11cm

1 次の図の平行四辺形の面積を求めましょう。

❶

6cm
6cm
式

答え（　　　）

❷
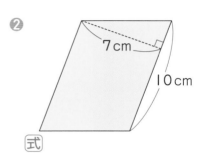
7cm
10cm
式

答え（　　　）

❸
8cm
9cm
式

答え（　　　）

❹
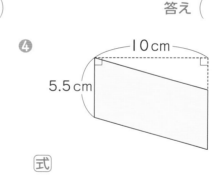
10cm
5.5cm
式

答え（　　　）

❺
3cm
5cm
4cm
6cm
式

答え（　　　）

❻
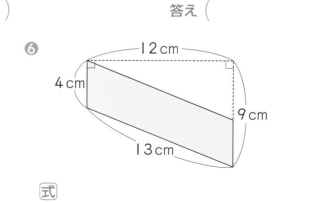
12cm
4cm
9cm
13cm
式

答え（　　　）

ポイント 平行四辺形の高さは，底辺と垂直になっていることに注意しましょう。

② 三角形の面積
基本のワーク

答え 11ページ

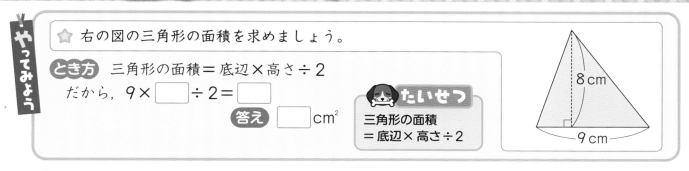

☆ 右の図の三角形の面積を求めましょう。

とき方 三角形の面積＝底辺×高さ÷2

だから，$9 \times \boxed{} \div 2 = \boxed{}$

答え $\boxed{}$ cm²

たいせつ
三角形の面積
＝底辺×高さ÷2

❶ 次の図の三角形の面積を求めましょう。

①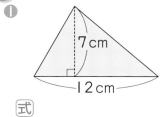

式

答え（   ）

②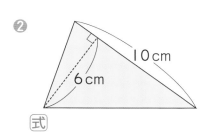

式

答え（   ）

③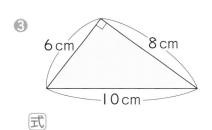

式

答え（   ）

④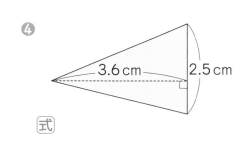

式

答え（   ）

⑤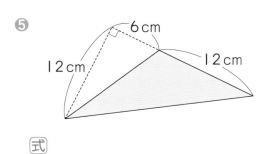

式

答え（   ）

⑥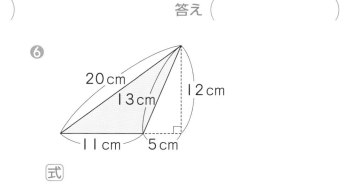

式

答え（   ）

ポイント 三角形の高さは，底辺と垂直になっていることに注意しましょう。

③ 台形とひし形の面積
基本のワーク

答え 11ページ

☆ 右の図の台形とひし形の面積を求めましょう。

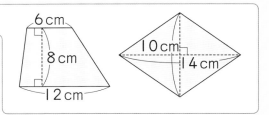

とき方 台形の面積

＝（上底＋下底）×高さ÷2

だから，(6＋□)×□÷2＝□

ひし形の面積

＝一方の対角線×もう一方の対角線÷2

だから，10×□÷2＝□

答え 台形の面積…□cm²,

ひし形の面積…□cm²

たいせつ

台形の面積

＝（上底＋下底）×高さ÷2

ひし形の面積

＝一方の対角線×もう一方の対角線÷2

---

1 次の台形の面積を求めましょう。

①

式

答え（　　　）

②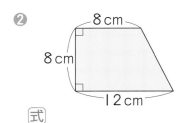

式

答え（　　　）

③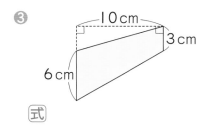

式

答え（　　　）

④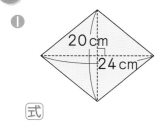

式

答え（　　　）

---

2 次のひし形の面積を求めましょう。

①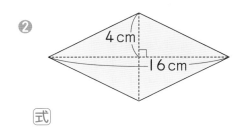

式

答え（　　　）

②

式

答え（　　　）

66

ポイント 台形の面積は，2つ合わせると平行四辺形になることから求めます。

ひし形の面積は，ひし形をおおう長方形の面積の半分であることから求めます。

④ 面積の求め方のくふう (1)

基本のワーク

答え 11ページ

☆ 右の図で，色をつけた部分の図形の面積を求めましょう。

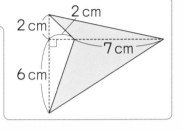

とき方 《1》大きい三角形の面積から，小さい三角形の面積をひく。

大きい三角形の面積 ➡ (2+6)×(2+7)÷2 = □

小さい三角形の面積 ➡ (2+6)×2÷2 = □

求める面積は，□ − □ = □

《2》上側の三角形と下側の三角形に分ける。

上側の三角形の面積 ➡ 7×2÷2 = □

下側の三角形の面積 ➡ 7×6÷2 = □

求める面積は，□ + □ = □

答え □ cm²

さんこう

複雑な図形の面積は，2つ以上の図形に分けたり，大きい図形の面積から小さい図形の面積をひいたりして求めます。

1 次の図で，色をつけた部分の図形の面積を求めましょう。

❶
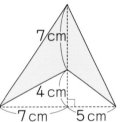

式

答え（　　　　　）

❷
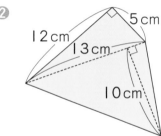

式

答え（　　　　　）

❸
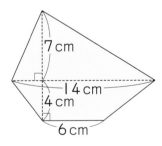

式

答え（　　　　　）

❹
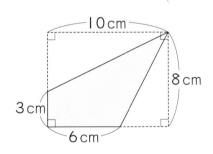

式

答え（　　　　　）

ポイント 三角形や四角形などの面積の公式を使うことができる2つ以上の図形に分けると，複雑な図形の面積を求められることがあります。

⑤ 面積の求め方のくふう (2)

基本のワーク

答え 11ページ

⭐ 右の図のように，たて 10m，横 14m の長方形の形をした土地に，はばが一定な道をつけました。色をつけた部分の面積は何m²ですか。

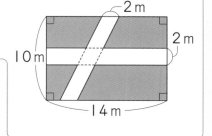

とき方 右の図のように，道を移動させて考えると，色をつけた部分の，

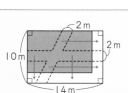

たての長さは，10−2＝8

横の長さは，14−2＝□

求める面積は，

8×□＝□

答え □ m²

🐶 **たいせつ**

複雑な図形の面積を求めるときは，図形を移動させたり，はなれている部分をまとめたりすると考えやすくなります。

---

1 次の図で，色をつけた部分の図形の面積を求めましょう。

❶

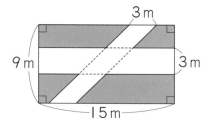

（長方形の土地に，はばが一定な道をつけたもの）

式

答え（　　　　　　　）

❷

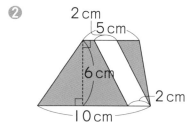

式

答え（　　　　　　　）

❸

8cm
12cm

式

答え（　　　　　　　）

❹

10cm
15cm

式

答え（　　　　　　　）

ポイント 複雑な図形の面積を求めるのに，図形を移動させたり，はなれた部分をまとめたりするとき，面積が変わらないようにすることが大切です。

⑥ 図形の面積と辺の長さ
基本のワーク

答え 12ページ

やってみよう

☆ 高さが６cm の三角形があります。高さがそのままで底辺だけが２倍，３倍，…となるとき，三角形の面積はどうなりますか。また，底辺が８cm のとき，面積は何cm² ですか。

とき方 底辺が１cm，２cm，３cm，…
のときの三角形の底辺と面積の関係は，

底辺(cm)	1	2	3	…
面積(cm²)	3			…

のようになっています。だから，

底辺が２倍，３倍，…となるとき，面積も □ 倍，□ 倍，…になることがわかります。

また，底辺が１cm ➡ ８cm と８倍になると，面積も８倍になるので，

$3×8=$ □

たいせつ

一方の数量が２倍，３倍，…になると，もう一方の数量も２倍，３倍，…になるような関係を**比例**といいます。高さが一定のとき，三角形の面積は底辺の長さに比例します。

答え □ ，□ cm²

1 底辺が８cm の平行四辺形があります。

❶ 底辺がそのままで高さだけが２倍，３倍，…となるとき，平行四辺形の面積はどうなりますか。

（　　　　　　　　　）

❷ 平行四辺形の面積が32cm² のとき，高さは何cm ですか。

式

答え（　　　　　　　　　）

2 底辺が９cm，高さが７cm の平行四辺形があります。この平行四辺形の底辺を３倍，高さを４倍にしてできる平行四辺形の面積は，もとの平行四辺形の面積の何倍ですか。

式

答え（　　　　　　　　　）

3 底辺が12cm，高さが△cm の三角形の面積を□cm² とします。

❶ △と□の関係を，「□＝～」の形で式に表しましょう。

（　　　　　　　　　）

❷ 次の表にあてはまる数を答えましょう。

高さ　△(cm)	3	5		
面積　□(cm²)			36	48

ポイント 底辺の長さが一定のとき，三角形や平行四辺形の面積は高さに比例します。
高さが一定のとき，三角形や平行四辺形の面積は底辺の長さに比例します。

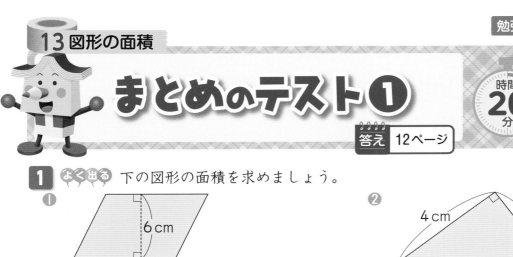

まとめのテスト❶

時間 **20**分

得点 /100点

答え 12ページ

1 よく出る 下の図形の面積を求めましょう。

1つ5〔40点〕

❶
6cm
9cm

式

答え（　　　　）

❷
4cm　3cm
5cm

式

答え（　　　　）

❸
8cm
8cm
10cm
（台形）

式

答え（　　　　）

❹
8cm
11cm
（ひし形）

式

答え（　　　　）

2 次の長方形で色をつけた部分の面積を求めましょう。

1つ9〔36点〕

❶
8cm
11cm

式

答え（　　　　）

❷
6cm
9cm

式

答え（　　　　）

3 次の問題に答えましょう。

1つ6〔24点〕

❶　底辺の長さが15cm, 面積が120cm² の平行四辺形の, 高さは何cm ですか。

式

答え（　　　　）

❷　高さが12cm, 面積が60cm² の三角形の, 底辺は何cm ですか。

式

答え（　　　　）

チェック☑
□ 平行四辺形の面積を求めることができたかな？
□ 三角形の面積を求めることができたかな？

まとめのテスト ❷

時間 **20** 分

得点 / 100点

答え 12ページ

1 よく出る 下の図形の面積を求めましょう。 1つ5〔40点〕

❶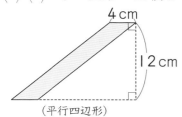
4cm
12cm
（平行四辺形）

式

答え （　　　　　　）

❷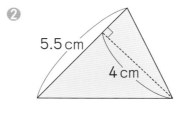
5.5cm
4cm

式

答え （　　　　　　）

❸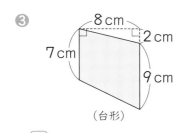
8cm
2cm
7cm
9cm
（台形）

式

答え （　　　　　　）

❹
12cm
12cm
（正方形）

式

答え （　　　　　　）

2 次の図で色をつけた部分の面積を求めましょう。 1つ9〔36点〕

❶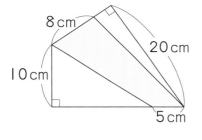
8cm
20cm
10cm
5cm

式

答え （　　　　　　）

❷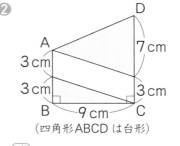
D
A
7cm
3cm
3cm
3cm
B
9cm
C
（四角形ABCDは台形）

式

答え （　　　　　　）

3 高さが14cmの平行四辺形があります。 1つ8〔24点〕

❶ 高さがそのままで底辺だけが2倍，3倍，…となるとき，平行四辺形の面積はどうなりますか。

（　　　　　　　　　　　　）

❷ 平行四辺形の面積が56cm² のとき，底辺は何cmですか。

式

答え （　　　　　　）

 チェック ✔ □ 台形，ひし形の面積を求めることができたかな？
□ 複雑な図形の面積の求め方が理解できたかな？

71

① 2つの数量の変わり方
基本のワーク

答え 12ページ

やってみよう

☆ 1個60円の消しゴム△個と，130円のノート1さつを買ったときの代金の合計を□円とします。△と□の関係を式に表しましょう。また，右の表の⑦，⑦にあてはまる数を求めましょう。

個数 △(個)	3	⑦
代金 □(円)	⑦	430

とき方 △や□を使った式の表し方を考えます。

代金の合計	=	消しゴム△個の代金	+	ノートの代金

だから，□＝□×△＋130

⑦…△に3をあてはめると，□＝60×3＋130＝□

⑦…□に430をあてはめると，430＝60×△＋130，60×△＝□，△＝□

たいせつ
数のかわりに□や△を使って，□と△の関係を表す式をつくることができます。

答え 式…□，⑦…□，⑦…□

① 1個120円のパンを△個と，150円の牛にゅうを1本買ったときの代金を□円とします。
❶ □と△の関係を式に表しましょう。

( )

❷ 下の表の空らんにあてはまる数を求めましょう。

個数 △(個)	1	2	3	4
代金 □(円)				

❶でつくった式に数をあてはめて考えよう。

② 1個△円のチョコレートを3個買って，1000円札を出したときのおつりを□円とします。
❶ □と△の関係を式に表しましょう。

( )

❷ 下の表の空らんにあてはまる数を求めましょう。

ねだん △(円)	100	120	150	
おつり □(円)				400

③ 右の図のように，同じ長さのぼうをならべて正方形をつくっていきます。正方形を△個つくるときに必要なぼうの本数を□本とするとき，下の表の空らんにあてはまる数を求めましょう。

個数 △(個)	1	2	3	4	…	10
本数 □(本)	4				…	

ポイント □や△の関係を表す式をつくり，□か△に数をあてはめて，もう一方にあてはまる数を考えます。

② かん単な比例
基本のワーク

答え 12ページ

☆ １ｍのねだんが５０円のリボンを△ｍ買ったときの代金を□円とします。△と□の関係を式に表しましょう。また，右の表の㋐，㋑にあてはまる数を求めましょう。

長さ　△(m)	1	2	3	㋑
代金　□(円)	50	㋐	150	300

とき方　△が２倍，３倍，…になると，それにともなって
□も２倍，３倍，…になるので，
□は△に [　　　] しています。

| 代金 | ＝ | リボン１ｍのねだん | × | リボンの長さ |

だから，□＝[　　]×△

㋐…△に２をあてはめると，□＝50×2＝[　　]

㋑…□に300をあてはめると，300＝50×△，△＝[　　]

答え　式…[　　　　　　]，　㋐…[　　]，　㋑…[　　]

たいせつ
２つの量△と□があって，△が２倍，３倍，…になると，それにともなって□も２倍，３倍，…になるとき，□は△に**比例**するといいます。

❶ たてが４cm，横が△cmの長方形の面積を□cm²とします。
❶ □と△の関係を式に表しましょう。

(　　　　　　　)

❷ 下の表の空らんにあてはまる数を求めましょう。

横の長さ　△(cm)	1	2	3	7
面積　□(cm²)				

❸ □は△に比例しますか。

(　　　　　　　)

❷ 水そうに１分間に水を２Ｌずつ入れるとき，△分間でたまる水の量を□Ｌとします。
❶ □と△の関係を式に表しましょう。

(　　　　　　　)

❷ 下の表の空らんにあてはまる数を求めましょう。

時間　△(分)	1	2	3	
水の量　□(L)				16

❸ □は△に比例しますか。

(　　　　　　　)

ポイント　□と△の式を求めるときは，数量の関係をことばの式に表し，それぞれの量を□や△におきかえましょう。

まとめのテスト❶

答え 12ページ

時間 **20** 分

得点 /100点

1 1 さつ 400 円の本を△さつ買ったときの代金を□円とします。 1つ10〔30点〕

❶ □と△の関係を式に表しましょう。

(   )

❷ 下の表の空らんにあてはまる数を求めましょう。

さっ数　△(さつ)	1	2	3	9
代金　　□(円)				

❸ □は△に比例しますか。

(   )

2 よく出る 1個 80 円のみかんを△個買って，150 円のかごにつめたときの代金を□円とします。 1つ10〔30点〕

❶ □と△の関係を式に表しましょう。

(   )

❷ 下の表の空らんにあてはまる数を求めましょう。

個数　△(個)	1	2	3	6
代金　□(円)				

❸ □は△に比例しますか。

(   )

3 チャレンジ 1辺の長さが△cm の正三角形のまわりの長さを□cm とします。 1つ10〔40点〕

❶ □と△の関係を式に表しましょう。

(   )

❷ 下の表の空らんにあてはまる数を求めましょう。

1辺の長さ　　　△(cm)	1	2	3	
まわりの長さ　□(cm)				27

❸ □は△に比例しますか。

(   )

❹ まわりの長さが 69 cm のとき，正三角形の 1 辺の長さは何 cm ですか。

(   )

チェック ✔ □や△の関係を式に表すことができたかな？
□や△の関係を表す式を使って，あてはまる数を求めることができたかな？

まとめのテスト❷

時間 **20**分

得点 /100点

答え **13ページ**

1 よく出る 1個130円のプリンを△個買って，1000円札を出したときのおつりを□円とします。 1つ10〔30点〕

❶ □と△の関係を式に表しましょう。

(   )

❷ 下の表の空らんにあてはまる数を求めましょう。

個数 △(個)	1	2	3	7
おつり □(円)				

❸ □は△に比例しますか。

(   )

2 1個110円のおにぎりを△個と，160円のお茶を1本買ったときの代金を□円とします。 1つ10〔30点〕

❶ □と△の関係を式に表しましょう。

(   )

❷ 下の表の空らんにあてはまる数を求めましょう。

個数 △(個)	1	2	3	7
代金 □(円)				

❸ □は△に比例しますか。

(   )

3 チャレンジ!! たてが6cm，横が5cm，高さが△cmの直方体の体積を□cm³とします。 1つ10〔40点〕

❶ □と△の関係を式に表しましょう。

(   )

❷ 下の表の空らんにあてはまる数を求めましょう。

高さ △(cm)	1.5		3	
体積 □(cm³)		75		180

❸ □は△に比例しますか。

(   )

❹ 体積が360cm³のとき，直方体の高さは何cmですか。

(   )

□ 比例の関係の意味と性質を理解できたかな？
□ □と△が比例するかどうかを判断することができたかな？

① 割合を求める問題
基本のワーク

答え 13ページ

勉強した日　月　日

やってみよう

☆ ひろとさんの体重は 28kg で，お兄さんの体重は 40kg です。お兄さんの体重をもとにすると，ひろとさんの体重の割合はどれだけですか。小数で答えましょう。

とき方 割合を小数で求めます。

割合＝□□□□量÷□にする量

だから，28÷40＝□

答え □

たいせつ

ある量をもとにして，比べられる量がもとにする量のどれだけにあたるかを表した数を，**割合**といいます。割合は小数または分数で表します。

---

1 まなみさんは 640 円，お兄さんは 800 円持っています。

❶ お兄さんのお金をもとにすると，まなみさんのお金の割合はどれだけですか。小数で答えましょう。

式

答え（　　　　　）

❷ まなみさんのお金をもとにすると，お兄さんのお金の割合はどれだけですか。小数で答えましょう。

式

答え（　　　　　）

2 おとなが 27 人，子どもが 30 人います。

❶ 子どもの人数をもとにすると，おとなの人数の割合はどれだけですか。小数で答えましょう。

式

答え（　　　　　）

❷ おとなの人数をもとにすると，子どもの人数の割合はどれだけですか。分数で答えましょう。

式

答え（　　　　　）

3 10g の食塩を 190g の水に混ぜて食塩水をつくります。食塩水全体の重さをもとにすると，食塩の割合はどれだけですか。

式

食塩水全体の重さは，
10＋190＝200（g）

答え（　　　　　）

ポイント 割合＝比べられる量÷もとにする量 で求められます。比べられる量ともとにする量をまちがえないようにしましょう。「比べられる量」は「比べる量」ということもあります。

② 割合と百分率，歩合
基本のワーク

答え 13ページ

☆ あやかさんのクラス 36 人のうち，9 人がメガネをかけています。メガネをかけている人はクラス全体の何 % ですか。また，それは何割何分ですか。

とき方 小数で割合を求めてから，百分率や歩合になおします。

割合＝比べられる量÷もとにする量

だから，□÷□＝0.25

0.01＝1% だから，0.25＝□%

また，0.1＝1 割，0.01＝1 分だから，

0.25＝□割□分

答え 百分率…□%，歩合…□割□分

たいせつ
割合を表すのに，百分率や歩合を使うことがあります。
・0.1＝10％＝1 割
・0.01＝1％＝1 分
・0.001＝0.1％＝1 厘

❶ 定価 300 円のケーキを 210 円で買いました。ケーキの代金は定価の何 % ですか。また，それは何割ですか。

式

答え　百分率（　　　　　　）　歩合（　　　　　　　　　）

❷ ある博物館の昨日の入場者数は 800 人でしたが，今日の入場者数は 680 人でした。今日の入場者数は昨日の入場者数の何 % ですか。また，それは何割何分ですか。

式

答え　百分率（　　　　　　）　歩合（　　　　　　　　　）

❸ ある工場では 1200 個の製品を作りましたが，そのうちの 36 個が不良品でした。不良品の数は製品の数の何 % ですか。また，それは何分ですか。

式

答え　百分率（　　　　　　）　歩合（　　　　　　　　　）

❹ ある野球選手の記録は，400 打数 150 安打でした。野球の打率は，安打数÷打数 で求められます。
この野球選手の打率を，歩合を用いて求めましょう。

式

野球でよく聞く打率って，こういうことだったのか！

答え（　　　　　　　　　）

 小数で表した割合を百分率や歩合になおしたり，その逆に，百分率や歩合で表された割合を小数になおしたりすることが，すぐにできるようにしておきましょう。

勉強した日 ▶ 　　月　　日

③ 比べられる量を求める問題
基本のワーク

答え 13ページ

やってみよう

☆ けんたさんの小学校の児童数は500人で，そのうち24％の人が算数が好きだと答えました。算数が好きだと答えた人は何人いますか。

とき方　比べられる量を求めます。

比べられる量＝□にする量×□　です。

24％を小数で表すと，□　だから，

500×□＝□

答え　□人

🐶 たいせつ

比べられる量を求めるときは，もとにする量と割合をかけます。百分率や歩合は，小数になおしてから計算します。

❶ 1500mLのジュースの中に20％の果じゅうがふくまれています。果じゅうは何mLふくまれていますか。

式

答え（　　　　　　　　）

❷ 50m²の土地のうち，36％を畑にしようと思います。畑は何m²できますか。

式

答え（　　　　　　　　）

❸ ある農家の去年のじゃがいもの収かく量は，800kgでした。今年は，去年より11％増えたといいます。今年のじゃがいもの収かく量は，何kgですか。

式

答え（　　　　　　　　）

❹ 定価が2000円のシャツがあります。

　❶　定価の2割5分引きのねだんは何円ですか。

式

2000円

答え（　　　　　　　　）

　❷　定価の5％増しのねだんは何円ですか。

式

定価の5％を求めてたせばいいね。また，定価の105％になると考えて，1.05をかけてもいいね。

答え（　　　　　　　　）

　比べられる量を求める式は，割合を求める式から出すことができます。
割合＝比べられる量÷もとにする量　だから，比べられる量＝もとにする量×割合　です。

④ もとにする量を求める問題
基本のワーク

答え 13ページ

やってみよう

☆ ひろみさんは持っていたお金の 30％ にあたる 600 円を使いました。ひろみさんは はじめ，何円持っていましたか。

とき方 もとにする量を求めます。

もとにする量＝ □□□□□□□ 量÷ □ です。

30％ を小数で表すと，□ だから，

600÷ □ ＝ □□□

答え □ 円

たいせつ

もとにする量を求めるときは，比べられる量を割合でわります。百分率や歩合は，小数になおしてから計算します。

1 バスに定員の 75％ にあたる 33 人の人が乗っています。このバスの定員は何人ですか。

式

答え（　　　　　　　　）

2 さちえさんのクラスでは，クラス全体の 4 割にあたる 14 人の児童が家で動物を飼っています。さちえさんのクラスの人数は何人ですか。

式

答え（　　　　　　　　）

3 服を買うとき，定価の 10％ 引きにしてもらったので，1080 円で買うことができました。服の定価は何円ですか。

式

定価の(1−0.1)倍で買ったことになるね。

答え（　　　　　　　　）

4 こういちさんの学校の児童数は，今年は去年より 2％ 増えて，612 人になりました。こういちさんの学校の去年の児童数は何人ですか。

式

答え（　　　　　　　　）

5 畑でトウモロコシを作っています。トウモロコシを植えてある面積は 132 m² で，これは畑全体の面積の 48％ にあたります。畑全体の面積は何 m² ですか。

式

答え（　　　　　　　　）

ポイント もとにする量を求める式も，割合を求める式から出すことができます。
割合＝比べられる量÷もとにする量 だから，もとにする量＝比べられる量÷割合 です。

15 割合と百分率

まとめのテスト①

時間 20分

答え 13ページ

得点 /100点

1 こうたさんの身長は 132cm で，お父さんの身長は 176cm です。　　1つ8〔32点〕

① お父さんの身長をもとにすると，こうたさんの身長の割合はどれだけですか。小数で答えましょう。

式

答え（　　　　　）

② こうたさんの身長をもとにすると，お父さんの身長の割合はどれだけですか。分数で答えましょう。

式

答え（　　　　　）

2 よく出る 定価 1500 円のくつを 900 円で買いました。くつの代金は定価の何％ですか。また，それは何割ですか。　　1つ8〔16点〕

式

答え　百分率（　　　　　）　歩合（　　　　　）

3 定員 250 人の電車に，定員の 72％ の客が乗っています。客は何人乗っていますか。　　1つ8〔16点〕

式

答え（　　　　　）

4 ある店では，300 円で仕入れた品物に 2 割の利益を見こんで定価をつけています。定価は何円ですか。　　1つ10〔20点〕

式

答え（　　　　　）

5 よく出る えりなさんの学校では，全児童数のうち 52％ にあたる 234 人が家で動物を飼っています。えりなさんの学校には，何人の児童がいますか。　　1つ8〔16点〕

式

答え（　　　　　）

□割合＝比べられる量÷もとにする量 を使って割合を求めることができたかな？
□百分率や歩合と小数で表した割合の関係が理解できたかな？

1 1200円の問題集と1500円の参考書があります。 1つ8〔32点〕

❶ 参考書のねだんをもとにすると，問題集のねだんの割合はどれだけですか。小数で答えましょう。

式

答え（ 　　　　　　　）

❷ 問題集のねだんをもとにすると，参考書のねだんの割合はどれだけですか。小数で答えましょう。

式

答え（ 　　　　　　　）

2 りんごを400個仕入れたところ，32個がいたんでいました。いたんでいたりんごの個数は全体の何％ですか。また，それは何分ですか。 1つ8〔16点〕

式

答え　百分率（ 　　　　　　　） 歩合（ 　　　　　　　）

3 よく出る しんいちさんのクラスでは，クラス30人のうち，3割の人が夏休みに海に遊びに行きました。海に遊びに行った人は何人ですか。 1つ8〔16点〕

式

答え（ 　　　　　　　）

4 ある学校では，校庭の広さの18％にあたる360m²にしばふが植えてあります。この学校の校庭の広さは何m²ですか。 1つ8〔16点〕

式

答え（ 　　　　　　　）

5 ひとみさんの学校では，昨年度よりも児童数が4％減ったので，今年度の児童数は432人になりました。ひとみさんの学校の昨年度の児童数は何人でしたか。 1つ10〔20点〕

式

答え（ 　　　　　　　）

□ 比べられる量を求めることができたかな？
□ もとにする量を求めることができたかな？

16 帯グラフと円グラフ

① 帯グラフ
基本のワーク

答え 14ページ

☆ 右の帯グラフは，かずみさんの町の商店の数を割合にして表したものです。全部で商店が 140 店あるとき，それぞれの商店の数は何店ですか。

かずみさんの町の商店（140店）

食料品店	衣料品店	ざっか店	その他

0 10 20 30 40 50 60 70 80 90 100 ％

とき方 目もりを正確に読み取ります。

食料品店…45％　　衣料品店…□％

ざっか店…□％　　その他　…10％

食料品店…140×□＝□

衣料品店…140×□＝□

ざっか店…140×□＝□

その他　…140×□＝□

答え 食料品店…□店，衣料品店…□店，

ざっか店…□店，その他　…□店

🐶 **たいせつ**

割合を見やすくするために，割合全体を長方形で表したグラフを**帯グラフ**といいます。ふつう，割合の大きい順にかきますが，「その他」は最後にかきます。

割合を全部たすと，1（100％）になるよ。確かめてみよう。

❶ 右の帯グラフは，あきらさんの学校の前を通った 200 台の自動車について調べ，種類ごとの割合を表したものです。

❶ それぞれの割合は何％ですか。

学校の前を通った自動車（200台）

乗用車	トラック	バス	その他

0 10 20 30 40 50 60 70 80 90 100 ％

乗用車（　　　　）　トラック（　　　　）

バス（　　　　）　その他（　　　　）

❷ 乗用車はバスの何倍ですか。

式

答え（　　　　）

❸ それぞれの自動車の台数は何台ですか。

式

答え　乗用車（　　　　）　トラック（　　　　）

バス（　　　　）　その他（　　　　）

ポイント 帯グラフは，全体を細長い長方形で表し，それぞれの割合で区切って表したものです。それぞれの割合は，（右側の目もり）－（左側の目もり）で求めることができます。

② 円グラフ
基本のワーク

答え 14ページ

やってみよう

☆ 右の円グラフは，ひろかさんの学校の図書室にある本の種類とそのさっ数の割合を表したものです。本は全部で3600さつあります。それぞれの本は何さつありますか。

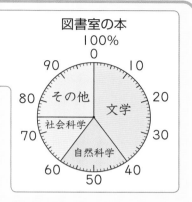

図書室の本

とき方　目もりを正確に読み取ります。

文学　　…40%　　自然科学…□%
社会科学…□%　　その他　…25%

文学　　…3600×□＝□
自然科学…3600×□＝□
社会科学…3600×□＝□
その他　…3600×□＝□

答え　文学　　…□さつ，自然科学…□さつ，
　　　社会科学…□さつ，その他　…□さつ

たいせつ

割合を見やすくするために，割合全体を円で表したグラフを**円グラフ**といいます。帯グラフと同じように，割合の大きい順にかきますが，「その他」は最後にかきます。

---

① 右のグラフは，あすかさんのクラスの学級文庫の本500さつについて，その本の種類とさっ数の割合を調べたものです。

❶　それぞれの割合は何%ですか。

読み物（　　　）　理科（　　　）　社会（　　　）
国語（　　　）　算数（　　　）　その他（　　　）

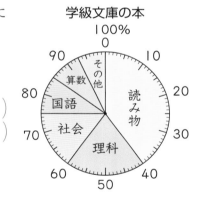

学級文庫の本

❷　理科は，国語の何倍ですか。
式

答え（　　　　　）

❸　読み物は，算数の何倍ですか。
式

答え（　　　　　）

❹　それぞれの本のさっ数は何さつですか。
式

答え　読み物（　　　）　理科（　　　）　社会（　　　）
　　　国語（　　　）　算数（　　　）　その他（　　　）

ポイント　円グラフは，全体を円で表し，それぞれの割合を半径で区切って表したもので，目もり1つは1%です。それぞれの割合を求めたあと，全部たすと100%になるか確かめましょう。

まとめのテスト❶

答え 14ページ

得点 /100点

1 右の円グラフは，ある学校の図書室の本の種類とそのさっ数の割合を表したもので，図書室の本のさっ数は全部で4000さつです。 　　　　　　　　　　　　　　　　　1つ12〔36点〕

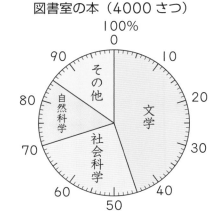

図書室の本（4000さつ）

❶ それぞれの本の割合は何％ですか。

文学（　　　　　　） 社会科学（　　　　　　）
自然科学（　　　　　　） その他（　　　　　　）

❷ それぞれの本のさっ数は何さつですか。
式

答え　　文学（　　　　　　） 社会科学（　　　　　　）
　　　自然科学（　　　　　　） その他（　　　　　　）

2 〔よく出る〕 右の表は，みのるさんの先月1か月間の家庭学習の時間と割合を，教科ごとにまとめたものです。
　　　　　　　　　　　　　　　　　1つ16〔64点〕

❶ 右の表のあいているところに数を入れて，表を完成させましょう。

1か月間の家庭学習

	時間（時間）	百分率（％）
算　数	24	
国　語		25
理　科	12	
社　会		10
その他	16	
合　計	80	100

❷ 算数は社会の何倍ですか。
式

答え（　　　　　　）

❸ 家庭学習の教科別の割合を，下の帯グラフに表しましょう。

1か月間の家庭学習

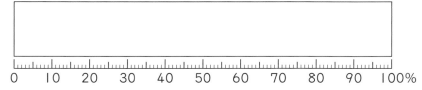

0　10　20　30　40　50　60　70　80　90　100%

□円グラフから，それぞれの部分の割合を読むことができたかな？
□帯グラフをかくことができたかな？

まとめのテスト❷

時間 **20** 分

得点 /100点

答え 14ページ

1 右の帯グラフは，ある会社のA，B，Cの3つの支店の2020年，2021年の売り上げの割合を表したものです。 1つ10〔40点〕

各支店の売上

2020年 | A支店 | B支店 | C支店

2021年 | A支店 | B支店 | C支店

0 10 20 30 40 50 60 70 80 90 100 %

❶ 2021年に，2020年より売り上げの割合が減っているのは，A，B，C支店のうちのどの支店ですか。

（　　　　　　　　）

❷ 2020年のこの会社全体の売り上げは，4800万円でした。2020年のA支店の売り上げはおよそ何円ですか。上から2けたのがい数で答えましょう。

式

答え（　　　　　　　　）

❸ C支店の2021年の売り上げは，2020年より増えているといえますか。

（　　　　　　　　）

2 よく出る 右の表は，ゆうこさんの学校で，好きな給食の人数と割合を，メニュー別にまとめたものです。 1つ15〔60点〕

❶ 右の表のあいているところに数を入れて，表を完成させましょう。

好きな給食のメニュー

	人数（人）	百分率（%）
カレーライス	150	
あげパン		23
シチュー	95	
ハンバーグ		15
その他		13
合　計	500	100

❷ カレーライスはハンバーグの何倍ですか。

式

答え（　　　　　　　　）

❸ 好きな給食のメニュー別の割合を，右の円グラフに表しましょう。

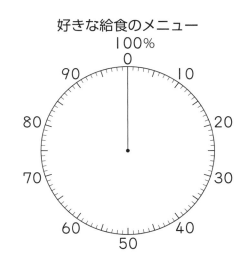

好きな給食のメニュー

□ 帯グラフから，それぞれの部分の割合を読むことができたかな？
□ 円グラフをかくことができたかな？

85

① 正多角形
基本のワーク

答え 15ページ

やってみよう

☆ 右の図は，円の中心のまわりの角を 5 等分して，正五角形を
かいたものです。あ，いの角の大きさを求めましょう。

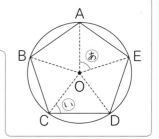

とき方 円の中心のまわりの角を 5 等分すると，

正五角形をかくことができます。

あ…360°÷5 ＝ □°

また，円の半径は等しいから，

三角形 COD は二等辺三角形です。

い…（180°－ □°）÷2 ＝ □°

答え あ… □°，い… □°

たいせつ

直線で囲まれた図形を**多角形**といい，辺の長さがすべて等しく，角の大きさもすべて等しい多角形を**正多角形**といいます。円の中心のまわりの角（360°）を等分すると，正多角形をかくことができます。

❶ 右の図は，円の中心のまわりの角を 6 等分して，正六角形をかいたものです。

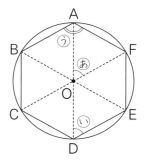

❶ あ，い，うの角の大きさを求めましょう。

式

答え あ（　　　　　） い（　　　　　） う（　　　　　）

❷ 三角形 AOB はどんな三角形になっていますか。

（　　　　　　　　　　）

❸ 円の直径が 8cm のとき，正六角形 ABCDEF のまわりの長さは何 cm ですか。

式

答え（　　　　　）

❷ 分度器やコンパス，定規を利用して，次の❶，❷の方法で正六角形をかきましょう。

❶ 円の中心のまわりの角を 6 等分する。

❷ 円のまわりを半径と同じ長さを使って 6 等分する。

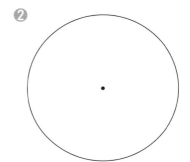

ポイント 円を利用すると，正多角形をかくことができます。正多角形の 1 辺と円の半径とでできる三角形は，二等辺三角形になります。

② 円周と直径，半径
基本のワーク

答え 15ページ

☆ 右の図のような半径が 8cm の円の円周の長さは何 cm ですか。
ただし，円周率（えんしゅうりつ）は 3.14 とします。

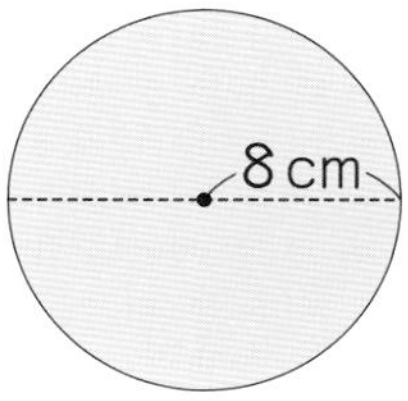

8cm

とき方 円周の長さを求めます。

円周＝ □ ×円周率 です。

円の直径は，□ ×2＝ □

円周の長さは，

□ ×3.14＝ □

答え □ cm

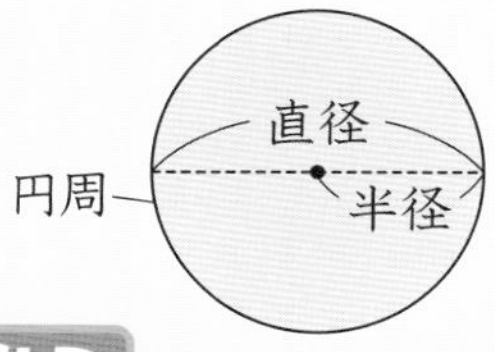

円周　直径　半径

たいせつ

円周の長さは，**直径×円周率** で求めることができます。
円周率は，とくにことわりがない場合は 3.14 を使います。

1 次の問題に答えましょう。ただし，円周率は 3.14 とします。

❶ 直径が 10cm の円の円周の長さは何 cm ですか。

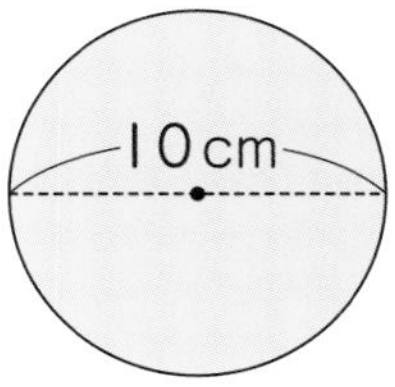

式

答え（　　　　　）

10cm

❷ 半径が 3cm の円の円周の長さは何 cm ですか。

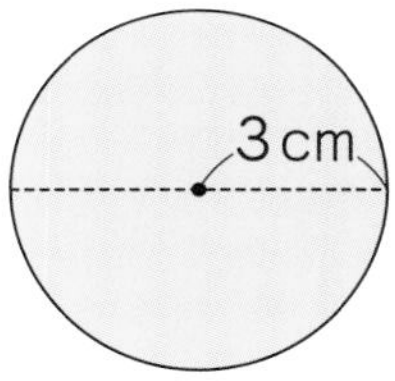

式

答え（　　　　　）

3cm

❸ 半径が 4.5m の円の円周の長さは何 m ですか。

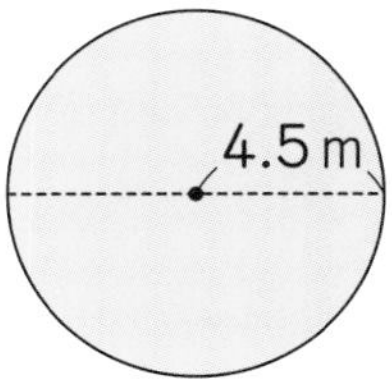

式

答え（　　　　　）

4.5m

2 次の問題に答えましょう。ただし，円周率は 3.14 とします。

❶ 円周の長さが 25.12cm の円の直径の長さは何 cm ですか。

式

答え（　　　　　）

円周の長さを円周率（3.14）でわると，直径が求められるね。

❷ 円周の長さが 113.04cm の円の半径の長さは何 cm ですか。

式

答え（　　　　　）

ポイント 円周の長さは次の式で求めることができます。円周の長さ＝直径×円周率（3.14）
また，この式から，直径を求めることができます。つまり，直径＝円周÷円周率（3.14）

③ 円周の問題
基本のワーク

答え 15ページ

☆ 右の図は、半径 6cm の円を 4 等分したものです。この図形のまわりの長さを求めましょう。ただし、円周率は 3.14 とします。

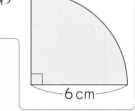

6cm

とき方 曲線部分の長さを求めて、半径を 2 つ分たします。

曲線部分の長さは、

◯×2×3.14÷4=◯ だから、

◯+6×2=◯

答え ◯ cm

さんこう
半円や 4 分の 1 の円の曲線部分の長さを求めるには、円周の長さをそれぞれ 2 や 4 でわります。

❶ 右の図は、半径 8cm の円を 4 等分したものです。この図形のまわりの長さを求めましょう。ただし、円周率は 3.14 とします。
式

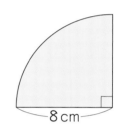

8cm

答え（　　　　　）

❷ 右の図は、半径 12cm の半円です。この図形のまわりの長さを求めましょう。ただし、円周率は 3.14 とします。
式

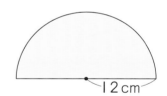

12cm

答え（　　　　　）

❸ 右の図は、半径 6cm の円から、その 4 分の 1 を切り取ってできた図形です。この図形のまわりの長さを求めましょう。ただし、円周率は 3.14 とします。
式

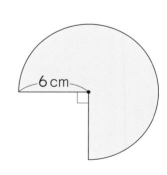

6cm

答え（　　　　　）

❹ 右の図は、半径 12cm の 4 分の 1 の円から、直径 12cm の半円を切り取ってできたものです。この図形（色をつけた部分）のまわりの長さを求めましょう。ただし、円周率は 3.14 とします。
式

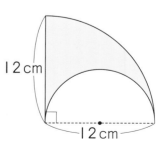

12cm

12cm

答え（　　　　　）

4 分の 1 の円の曲線部分の長さ＝円周÷4、半円の曲線部分の長さ＝円周÷2
まわりの長さを求めるときは、直径や半径の長さをたすのをわすれないようにしましょう。

まとめのテスト

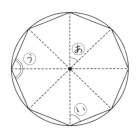

時間 **20** 分

答え 15ページ

得点

/100点

1 右の図は，円の中心のまわりの角を 8 等分して，正八角形をかいたものです。あ，い，うの角の大きさを求めましょう。　　　　　1つ15〔30点〕

式

答え　あ（　　　　　　）　い（　　　　　　　）　う（　　　　　　　）

2 よく出る　次の問題に答えましょう。ただし，円周率は 3.14 とします。　　1つ5〔40点〕

❶　直径が 5 cm の円の円周の長さは何 cm ですか。

式

答え（　　　　　　）

❷　半径が 3.5 cm の円の円周の長さは何 cm ですか。

式

答え（　　　　　　）

❸　円周の長さが 6.28 cm の円の直径の長さは何 cm ですか。

式

答え（　　　　　　）

❹　円周の長さが 28.26 cm の円の半径の長さは何 cm ですか。

式

答え（　　　　　　）

3 右の図は，直径 20 cm の半円，直径 12 cm の半円，直径 8 cm の半円を組み合わせたものです。この図形（色をつけた部分）のまわりの長さを求めましょう。ただし，円周率は 3.14 とします。　　　　　1つ15〔30点〕

式

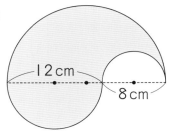

12 cm

8 cm

答え（　　　　　　）

チェック ✓ □ 円周の長さを求めることができたかな？
□ 半円や 4 分の 1 の円のまわりの長さを求めることができたかな？

① 角柱と円柱
基本のワーク

答え 15ページ

やってみよう

☆ 右の図のような角柱があります。この角柱の面の数，頂点の数，
辺の数をそれぞれ求めましょう。

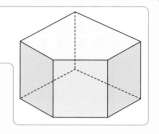

とき方 底面が五角形の角柱だから，五角柱です。

面の数 ➡ 底面が 2 つ，側面が □ つあるから，
合わせて，2＋□＝□

頂点の数 ➡ 1 つの底面にある頂点の数は □ つだから，
上の底面と下の底面で，□×2＝□

辺の数 ➡ 1 つの底面にある辺の数は，5 本で，
底面と垂直な辺の数が □ 本あるから，
全部で，5×2＋□＝□

答え 面…□，頂点…□，辺…□

🐶 **たいせつ**

角柱で，上下に向かい合った（平行な）2 つの面を**底面**といい，まわりの長方形（正方形）の面を**側面**といいます。2 つの底面は合同な図形で，まわりの長方形はすべて底面と垂直になっています。

1 右の角柱について答えましょう。

❶ 何という角柱ですか。

（　　　　　　）

❷ この角柱の面の数，頂点の数，辺の数をそれぞれ求めましょう。

面（　　　　　）頂点（　　　　　　）辺（　　　　　）

❸ この角柱の 2 つの底面はたがいにどのような図形になっていますか。また，どのような
位置関係になっていますか。

（　　　　　　）（　　　　　　）

2 右の円柱について答えましょう。

❶ この円柱の高さは何cm ですか。

（　　　　　　）

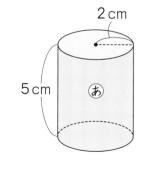

2 cm

5 cm

あ

❷ 面あのような，平らでない面を何といいますか。

（　　　　　　）

 ポイント　何角柱かが決まると，面の数，頂点の数，辺の数もそれぞれ決まります。
例えば，五角柱だと，面の数…5＋2，頂点の数…5×2，辺の数…5×3 です。

② 角柱と円柱の展開図
基本のワーク

答え 15ページ

答え 15ページ

☆ 右の図のような三角柱があります。この三角柱を展開図に表しましょう。ただし，方眼の1目もりは1cmとします。

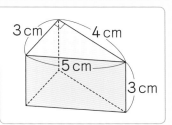

とき方 角柱や円柱の展開図はいろいろかけますが，次のようにしてかくとよいでしょう。

① まず，側面となる長方形(正方形)をかく。

② 底面を2つかく。（合同になるように注意してかく。）

たいせつ

角柱や円柱には底面が2つあるので，展開図をかくときは底面をかならず2つかくようにしましょう。
角柱や円柱の展開図では，側面は長方形になっています。

答え

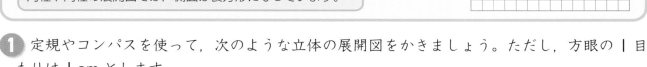

1 定規やコンパスを使って，次のような立体の展開図をかきましょう。ただし，方眼の1目もりは1cmとします。

❶

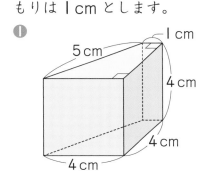

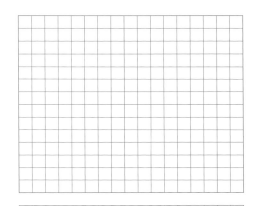

❷

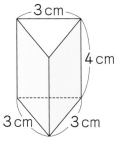

まず側面の長方形を3つかこう。
次にコンパスを使って，1辺が3cmの正三角形を2つかくよ。

❸

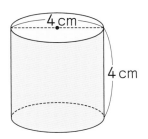

側面の長方形の横の長さは，底面の円周の長さと同じだから，
4×3.14
で求めるよ。

ポイント 角柱や円柱の展開図をかくときは，2つの底面が合同になるようにします。
また，展開図を組み立てたときに重なり合う底面の辺と側面の辺の長さが同じになるようにします。

③ 展開図の問題
基本のワーク

答え 16ページ

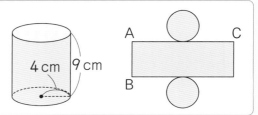

☆ 右の図は，底面の円の半径が 4cm，高さが 9cm の円柱の見取図と，その展開図です。展開図で，AB の長さ，AC の長さをそれぞれ求めましょう。ただし，円周率は 3.14 とします。

とき方 AB の長さは，円柱の高さを表すので □ cm また，AC の長さは，底面の円の円周の長さと等しいので，

□ ×2×3.14 = □

答え AB… □ cm，AC… □ cm

たいせつ

円柱の展開図では，側面の長方形のたての長さが，円柱の高さを表します。また，横の長さは，底面の円の円周の長さに等しくなっています。

❶ 右の図は，底面の円の半径が 8cm，高さが 12cm の円柱の見取図と，その展開図です。

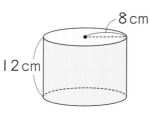
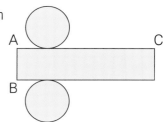

❶ 展開図で，AB の長さ，AC の長さをそれぞれ求めましょう。ただし，円周率は 3.14 とします。

式

答え　AB（　　　　　　）　AC（　　　　　　）

❷ 展開図の長方形の面積を求めましょう。

式

答え（　　　　　　）

❷ 右の図は，ある三角柱の見取図とその展開図です。

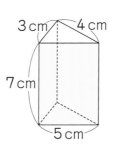
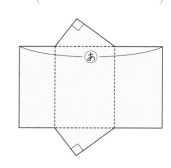

❶ あの長さは何cm ですか。

式

答え（　　　　　　）

❷ 展開図全体の面積を求めましょう。

式

答え（　　　　　　）

ポイント　角柱の展開図では，どの辺とどの辺が重なって等しい長さになるのかを考えましょう。

まとめのテスト

時間 20分

答え 16ページ

得点 /100点

1 よく出る 次の表の空らんにあてはまる数やことばをかきましょう。　　　1つ2〔30点〕

	底面の形	側面の形	面の数	頂点の数	辺の数
三角柱					
六角柱					
八角柱					

2 次の立体の展開図をかきましょう。ただし，方眼の1目もりは1cmとします。　　〔20点〕

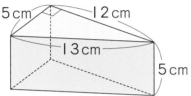

5cm　12cm　13cm　5cm

3 よく出る 右の展開図を組み立てて立体を作ります。　　　1つ10〔30点〕

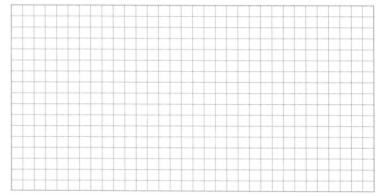

❶　何という立体ができますか。

（　　　　　　　　　）

❷　できる立体には，頂点がいくつありますか。

（　　　　　　　　　）

❸　できる立体には，辺がいくつありますか。

（　　　　　　　　　）

4 右の図のように，正方形の紙を切って，円柱の展開図を作ります。円柱の底面の半径を12cmにするとき，正方形の1辺の長さは何cmですか。ただし，円周率は3.14とします。　　1つ10〔20点〕

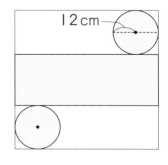

12cm

式

答え（　　　　　　　　　）

まとめのテスト❶

時間 **20** 分

得点 /100点

答え 16ページ

1 よく出る たてが 4.2m，横が 3.8m の長方形の形をした花だんがあります。この花だんの面積は何m² ですか。　　　　　　　　　　　　　　　　　　　　　　　　　　1つ8〔16点〕

式

答え（　　　　　　　　）

2 油が 38.4L あります。これを 1.2L 入りの小さい入れ物に分けて入れようと思います。小さい入れ物は何個必要ですか。　　　　　　　　　　　　　　　　　　　　　　1つ8〔16点〕

式

答え（　　　　　　　　）

3 よく出る ある駅から，A 町行きのバスが 16 分ごと，B 町行きのバスが 20 分ごとに発車しています。午前 7 時に A 町行きのバスと B 町行きのバスが同時に出発しました。次に 2 つのバスが同時に出発するのは，午前何時何分ですか。　　　　　　　　　　　　　　〔9点〕

（　　　　　　　　）

4 よく出る 48 本のえんぴつと 36 さつのノートをそれぞれ同じ数ずつ，あまりがでないように，できるだけ多くの子どもに配ります。いちばん多くて何人の子どもに配ることができますか。　　　　　　　　　　　　　　　　　　　　　　　　　　　　　　　　　　〔9点〕

（　　　　　　　　）

5 ななみさんはおじいさんの家に行くのに，バスに $1\frac{1}{12}$ 時間乗り，$\frac{3}{4}$ 時間歩きました。おじいさんの家まで行くのに，合計で何時間かかりましたか。　　　　　　　　1つ8〔16点〕

式

答え（　　　　　　　　）

6 かずきさんの家から公園までの道のりは $1\frac{3}{4}$ km，家から駅までの道のりは $2\frac{2}{3}$ km あります。かずきさんの家から駅までの道のりは，家から公園までの道のりよりも何km 長いですか。　　　　　　　　　　　　　　　　　　　　　　　　　　　　　　　1つ8〔16点〕

式

答え（　　　　　　　　）

7 高さが 2.5m の桜の木と，高さが $2\frac{3}{7}$ m の梅の木があります。桜の木は梅の木より何m 高いですか。分数で答えましょう。　　　　　　　　　　　　　　　　　　1つ9〔18点〕

式

答え（　　　　　　　　）

□ 小数のかけ算とわり算，分数のたし算とひき算ができたかな？
□ 最大公約数，最小公倍数を利用する問題が解けたかな？

まとめのテスト❷

時間 **20** 分

得点 ／100点

答え **16ページ**

1 右の表は，ゆいさんのテストの得点を表しています。この4教科のテストの得点の平均は何点ですか。

式

1つ9〔18点〕

	国語	算数	理科	社会
得点（点）	88	76	72	92

答え（　　　　　　　）

2 右の表は，2つのイベント会場の面積と集まった人数を表したものです。どちらのほうがこんでいるといえますか。

1つ9〔18点〕

式

	面積（m²）	人数（人）
A 会場	9373	30000
B 会場	675	3500

答え（　　　　　　　）

3 よく出る 家から学校まで，分速50mで歩くと13分かかります。分速65mで歩くと何分かかりますか。

1つ9〔18点〕

式

答え（　　　　　　　）

4 200gの重さの箱に，1個80gのおもりを△個入れたときの全体の重さを□gとします。△と□の関係を表す式を「□＝～」の形で表しましょう。

〔10点〕

（　　　　　　　）

5 定価が1200円の品物が300円引きで売られていました。定価の何％安くなっていましたか。

1つ9〔18点〕

式

答え（　　　　　　　）

6 下の表は，あさみさんの家の1か月の支出額と割合を，使いみち別にまとめたものです。表の空らんにあてはまる数を求め，使いみち別の割合を円グラフに表しましょう。 1つ9〔18点〕

1か月の支出

	金額（万円）	割合（%）
食 費	8	
住居費		28
ひ服費	3	
光熱費		8
その他	5	
合 計	25	100

1か月の支出

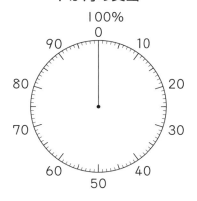

□ 平均，単位量あたりの大きさ，速さの文章題が解けたかな？
□ 割合，円グラフの文章題が解けたかな？

まとめのテスト❸

答え 16ページ

時間 20分

得点 ／100点

1 よく出る 右の図は，直方体を組み合わせた立体です。この立体の体積を求めましょう。　1つ9〔18点〕

式

答え（　　　　　　　　）

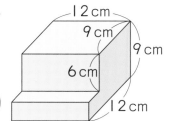

2 右の図で，⑤の角の大きさを求めましょう。　1つ8〔16点〕

式

答え（　　　　　　　　）

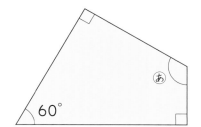

3 よく出る 次の図形の面積を求めましょう。　1つ8〔32点〕

❶ 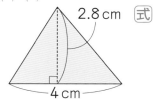 式

❷ 式

（ひし形）

答え（　　　　　　　）　　　　答え（　　　　　　　）

4 円周の長さが75.36cmの円の半径は何cmですか。ただし，円周率は3.14とします。

式　　　　　　　　　　　　　　　　　1つ8〔16点〕

答え（　　　　　　　）

5 右の図は，ある立体の展開図です。　1つ6〔18点〕

❶ 展開図を組み立てると，何という立体ができますか。

（　　　　　　　）

❷ 組み立てた立体には頂点がいくつありますか。

（　　　　　　　）

❸ 立体を組み立てたとき，底面に垂直な辺は何本ありますか。

（　　　　　　　）

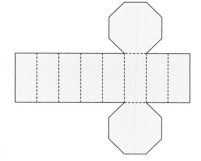

□ 図形の角の大きさ，図形の面積を求めることができたかな？
□ 直方体を組み合わせた形の体積を求めることができたかな？

答えとてびき

「答えとてびき」は，とりはずすことができます。

全教科書対応

文章題・図形 **5**年

使い方

まちがえた問題は，もういちどよく読んで，なぜまちがえたのかを考えましょう。正しい答えを知るだけでなく，なぜそうなるかを考えることが大切です。

---

1 体積

2ページ 基本のワーク

☆ 10，7，630　　　　　　　　　答え 630

❶ 式 $6 \times 8 \times 10 = 480$　　　答え $480\,\text{cm}^3$

❷ 式 $8 \times 8 \times 8 = 512$　　　答え $512\,\text{cm}^3$

❸ ❶ 式 $18 - 12 = 6$　　　　　　答え $6\,\text{cm}$

　 ❷ 式 $15 - 6 = 9$
　　　　$12 \times 9 \times 6 = 648$　　答え $648\,\text{cm}^3$

てびき ❸ ❷たてを 12cm とすると，横は，$15 - 6 = 9(\text{cm})$，高さは 6(cm) です。

3ページ 基本のワーク

☆ 120，80，120，80，200
　240，40，240，40，200　　　答え 200

❶ 式 $4 \times 3 \times 7 + 4 \times 5 \times 3 = 144$　答え $144\,\text{cm}^3$

❷ 式 $6 \times 4 \times 2 + 3 \times 3 \times 2 = 66$　答え $66\,\text{cm}^3$

❸ 式 $30 \times 24 \times 18 - 30 \times 18 \times 6 = 9720$
　　　　　　　　　　　　　　答え $9720\,\text{cm}^3$

4ページ 基本のワーク

☆ 120，1000000，120，120000000
　　　　　　　　答え 120，120000000

❶ ❶ 式 $4 \times 4 \times 5 = 80$　　　答え $80\,\text{m}^3$

　 ❷ 式 $80 \times 1000000 = 80000000$
　　　　　　　　　　答え $80000000\,\text{cm}^3$

❷ ❶ 式 $25 \times 10 \times 1 = 250$　　答え $250\,\text{m}^3$

　 ❷ 式 $250 \times 1000 = 250000$
　　　　　　　　　　　　　答え $250000\,\text{L}$

てびき ❷ $1\,\text{m}^3 = 1000000\,\text{cm}^3$，$1\,\text{L} = 1000\,\text{cm}^3$ だから，$1\,\text{m}^3 = 1000\,\text{L}$ です。

5ページ 基本のワーク

☆ 90　　　　　　　　　　　　　答え 90

❶ 式 $6 \times 6 \times 4 = 144$　　　答え $144\,\text{cm}^3$

❷ ❶ 式 $100 \times 70 \times 120 + 100 \times 80 \times 40$
　　　$= 1160000$　　答え $1160000\,\text{cm}^3$

　 ❷ 式 $1160000 \div 1000000 = 1.16$
　　　　　　　　　　　　　答え $1.16\,\text{m}^3$

　 ❸ 式 $1160000 \div 1000 = 1160$　答え $1160\,\text{L}$

6ページ 基本のワーク

☆ 400，400，65　　　　　　　　答え 65

❶ 式 $100 \times 2 = 200$　　　　答え $200\,\text{cm}^3$

❷ 式 $20 \times 20 \times (23 - 15) = 3200$
　　　　　　　　　　　　　答え $3200\,\text{cm}^3$

❸ 式 $18 \times 15 \times (20 - 18) = 540$
　　　$540 + 360 = 900$　　　答え $900\,\text{cm}^3$

てびき ❸ $20 - 18 = 2(\text{cm})$ 分の高さの水の体積と，あふれた 360mL の和が石の体積です。

7ページ 基本のワーク

☆ ❶ 答え 2，3

　 ❷ 6　　　　　　　　　　　　答え 6

❶ ❶

横の長さ(cm)	1	2	3	4	5
体積(cm³)	12	24	36	48	60

　 ❷ 式 $12 \times 9 = 108$　　　答え $108\,\text{cm}^3$

❷ ❶ 式 $1800 \div (12 \times 15) = 10$　答え $10\,\text{cm}$

② 式 10×2＝20　　　　　　　答え 20cm

てびき ② ② 体積は，高さに比例するので，高さが 2 倍になると，体積も 2 倍になります。

8 ページ まとめのテスト①

1 式 9×10×8＝720　　　　　　答え 720cm³
2 式 6×6×6＝216　　　　　　　答え 216m³
3 式 (3×3×3)×5＝135　　　　答え 135cm³
4 式 4−2＝2(cm)，6−2＝4(cm)
　　 2×2×4＝16(cm³)　　　　答え 16cm³
5 式 20×25×(15−12)＝1500　答え 1500cm³
6 式 120÷(6×4)＝5　　　　　答え 5cm

てびき 3 1 辺が 3cm の立方体が 5 個集まった立体と考えます。
4 横を 2cm とすると，高さは，4−2＝2(cm)，たては，6−2＝4(cm)となります。

9 ページ まとめのテスト②

1 式 3×8×5＝120　　　　　　　答え 120cm³
2 式 20×20×20＝8000(cm³)
　　 8000÷1000＝8(L)　　　　答え 8L
3 式 (6+3)×(3+6)×6＝486
　　 3×3×6＝54
　　 486−54×2＝378　　　　答え 378cm³
4 式 24×30×(30−5)＝18000(cm³)
　　 18000÷1000＝18(L)　　　答え 18L
5 式 2×3＝6　　　　　　　　　答え 6 倍
6 式 280÷(7×4)＝10　　　　　答え 10cm

てびき 3 大きい直方体の体積から，小さい直方体の体積の 2 つ分をひきます。
4 水そうにははじめ，30−5＝25(cm)のところまで水が入っていたとわかります。
5 体積は，2×3＝6(倍)になります。

2 小数のかけ算の問題

10 ページ 基本のワーク

☆ 86.4　　　　　答え 86.4

☆ 　　36	❶ 　　28
×　2.4	×　3.3
144	84
72	84
86.4	92.4

❶ 式 28×3.3＝92.4　　　　答え 92.4g
❷ 式 80×1.8＝144　　　　　答え 144 円
❸ 式 150×14.6＝2190　　　答え 2190 円
❹ 式 2000×0.4＝800

1000−800＝200　　　　　　答え 200 円

11 ページ 基本のワーク

☆ 15.3　　　　　　答え 15.3
❶ 式 5.6×8.2＝45.92
　　　　　　　　　　答え 45.92m²
❷ 式 4.8×4.8＝23.04
　　　　　　　　　　答え 23.04cm²

☆ 　　4.5	❶ 　　5.6
×　3.4	×　8.2
180	112
135	448
15.30	45.92

❸ ❶ 式 2.6×3.8＝9.88　　　答え 9.88cm²
　 ❷ 式 9.88×2.1＝20.748　答え 20.748cm³

12 ページ 基本のワーク

☆ 3.2，7.9，7.9，25.28　　　　答え 25.28
❶ ❶ 5×1.3　　　❷ 2.3×1.1
　 ❸ 0.6×1.4　　❹ 1.6×4.23
❷ ❶ 式 12.5−6.8＝5.7　　　答え 5.7
　 ❷ 式 6.8×5.7＝38.76　　答え 38.76
❸ ❶ 式 9.6÷12＝0.8　　　答え 0.8 倍
　 ❷ 式 9.6×1.5＝14.4　　答え 14.4m

てびき 3 何倍かを表す数が小数になっても，整数のときと同じように計算します。

13 ページ まとめのテスト

1 式 250×2.7＝675　　　　　答え 675 円
2 ❶ 式 8.4×9.6＝80.64　　答え 80.64cm²
　 ❷ 式 80.64×1.5＝120.96
　　　　　　　　　　　　答え 120.96cm²
3 ❶ 式 13.2−4.6＝8.6　　　答え 8.6
　 ❷ 式 8.6×4.6＝39.56　　答え 39.56
4 ⑦，⑦
5 式 6.3−2.8＝3.5(m)
　　 3.5×2.8+3.5×2.2
　　 ＝3.5×(2.8+2.2)
　　 ＝3.5×5＝17.5　　　　答え 17.5m²

てびき 5 左の長方形のたての長さと，右の長方形の横の長さがともに 3.5m であることを利用します。

3 小数のわり算の問題

14 ページ 基本のワーク

☆ 150　　　答え 150
❶ 式 48÷1.5＝32
　　　　　　答え 32g

☆ 　　　　150	❶ 　　　　32
2.6)3900.0	1.5)48.0
26	45
130	30
130	30
0	0

2

② 式 14÷3.5＝4　　　　　　　　　　　答え 4kg

③ **①** 式 280÷1.4＝200　　　　答え 青…200円
　　　200÷0.8＝250　　　　　　赤…250円

　　② 式 200÷250＝0.8　　　　　答え 0.8倍

　　③ 式 250÷200＝1.25　　　　答え 1.25倍

15ページ　基本のワーク

☆ 面積, 横, 1.5　　　　　　　　　　答え 1.5

① **①** 式 7.2÷2.4＝3　　答え 3m

　　② 式 7.2÷1.5＝4.8
　　　　　　　　　　　　　　答え 4.8m

② **①** 式 12.6÷1.4＝9　答え 9cm²

　　② 式 9÷2.5＝3.6　答え 3.6cm

```
        1.5
1.2) 1.8
     1 2
       6 0
       6 0
         0
```

てびき　**①** **①** 長方形の面積＝たて×横 だか
ら, 横の長さは, 面積÷たて で求められます。

② **①** 直方体の体積＝たて×横×高さ だから,
長方形の面積(たて×横)は, 体積÷高さ で求
められます。

16ページ　基本のワーク

☆ 2.8, 9.8, 9.8, 3.5　　　　　　　答え 3.5

① **①** 6÷1.2　　**②** 2.1÷1.5

　　③ 0.9÷1.8　　**④** 3.45÷0.5

② **①** 式 13.5−9.9＝3.6　　　　答え 3.6

　　② 式 13.5÷3.6＝3.75　　　答え 3.75

　　③ 式 1.25×2.8＝3.5
　　　　　2.8÷3.5＝0.8　　　　答え 0.8

てびき　**③** ある数を□とすると,
□÷2.8＝1.25 だから,
□＝1.25×2.8＝3.5 です。よって,
正しい答えは, 2.8÷3.5＝0.8 となります。

17ページ　基本のワーク

☆ 6, 0.1　　　　答え 6, 0.1

① 式 19.3÷2.1＝9 あまり 0.4
　　　　答え 9本できて, 0.4cm あまる

② 式 31.5÷1.25＝25 あまり 0.25
　　　　　　答え 25ふくろできて, 0.25kg あまる

③ 式 4.8÷2.6＝1.84…　　　答え 約 1.8kg

④ 式 22.5÷9.2＝2.445…　　答え 約 2.45m

```
        6
0.3) 1.9
     1 8
       0 1
```

18ページ　まとめのテスト❶

1 式 980÷3.5＝280　　　　　　答え 280円

2 式 8.4÷3.5＝2.4　　　　　　答え 2.4cm

3 式 6.3−1.8＝4.5
　　　6.3÷4.5＝1.4　　　　　　答え 1.4

---

4 ⓘ, ⓔ

5 式 15.1÷1.8＝8 あまり 0.7
　　　　　答え 8本できて, 0.7m あまる

6 式 4.8÷4.5＝1.06…　　　　答え 約 1.1倍

てびき　**3** ある数を□とすると,
6.3−□＝1.8 だから,
□＝6.3−1.8＝4.5 です。
よって, 正しい答えは, 6.3÷4.5＝1.4 です。

19ページ　まとめのテスト❷

1 **①** 式 180÷1.2＝150　　　　答え A…150円
　　　84÷0.7＝120　　　　　　B…120円

　　② 式 150÷120＝1.25　　　答え 1.25倍

　　③ 式 120÷150＝0.8　　　　答え 0.8倍

2 **①** 式 9.72÷3.6＝2.7　　　　答え 2.7

　　② 式 2.7÷3.6＝0.75　　　　答え 0.75

3 式 32.5÷3.3＝9 あまり 2.8
　　　　　答え 9個できて, 2.8L あまる

4 式 29.3÷5.2＝5.634…　　答え 約 5.63kg

---

4 合同な図形

20ページ　基本のワーク

☆ GH, F　　　　　　　　　　　答え GH, F

① ⑦とⓔ, ⓘとⓚ, ⓒとⓞ

② **①** 頂点F　　**②** 4cm　　**③** 80°

てびき　**②** 四角形FEHGを右に90°回転させ
ると, 四角形ABCDと同じ向きになります。

21ページ　基本のワーク

☆
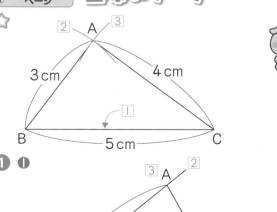

① **①**
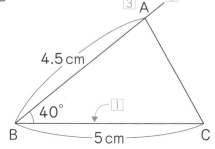

3

❷

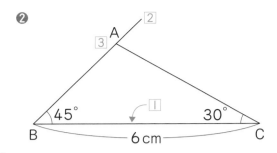

👆 **たしかめよう！**

線をかいたり長さをはかるには定規を，等しい長さを決めるにはコンパスを，角度をはかるには分度器をそれぞれ使います。

22
ページ

基本のワーク

☆

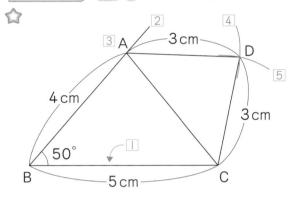

❶ ❶

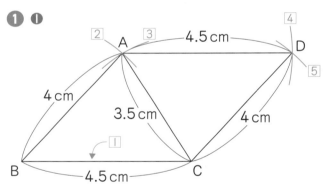

❷

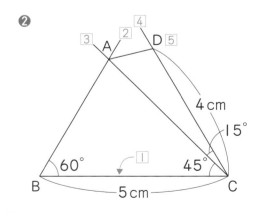

てびき 四角形を 2 つの三角形に分けて，まず三角形ABC と合同な三角形をかいてから，三角形ACD をかくとよいでしょう。

23
ページ

まとめのテスト

1 ⑦と①，⑦と⑦，⑦と⑦

2 ❶ 頂点G　❷ 3cm　❸ 90°

3

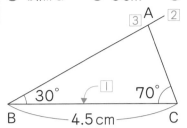

4

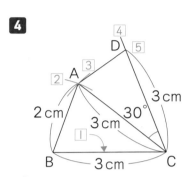

てびき **3** 辺BC をかいてから，分度器で 30°，70° をはかり，辺AB，AC をかきます。

4 まず三角形 ABC と合同な三角形をかき，次に三角形 ACD と合同な三角形をかきます。

5 整数の性質

24
ページ

基本のワーク

☆ 8，1，8，1　　　　　　　　答え 奇数

❶ 偶数…2，4，6，8，10，12
　奇数…1，3，5，7，9，11，13

❷ ❶ 2×9＋1，奇数　　❷ 2×12，偶数

❸ ❶ 8，偶数，偶数　　❷ 5，奇数，奇数

❹ ❶ 偶数　　　　　　❷ 奇数

てびき ❶❸ 一の位が偶数の整数は偶数，一の位が奇数の整数は奇数です。

❹ 奇数ー奇数＝偶数，奇数ー偶数＝奇数 です。

25
ページ

基本のワーク

☆ 公倍数，12，18　　　　　　答え 12，18

❶ 午前 6 時 12 分，午前 6 時 24 分，
　午前 6 時 36 分

❷ 18g，36g，54g

❸ 24cm，48cm，72cm

てびき

❶ 12 の倍数になります。

❷ 6 と 9 の公倍数 18, 36, 54, …ごとに等しくなります。

❸ 6 と 8 の公倍数 24, 48, 72, …ごとに等しくなります。

26ページ 基本のワーク

☆ 公倍数, 最小公倍数, 12, 12, 12, 12, 3, 3, 12　　答え 12, 12

❶ 午前 8 時 30 分

❷ 1 辺の長さ…36cm, 紙のまい数…12 まい

❸ 56 個

てびき

❶ 6 と 10 の最小公倍数は 30 で, 30 分後です。

❷ 9 と 12 の最小公倍数は 36 で, 正方形の 1 辺は, 36cm です。このとき,
たて…36÷9=4（まい）,
横…36÷12=3（まい）なので, 長方形の紙は,
4×3=12（まい）必要です。

❸ 8 と 14 の最小公倍数の 56 個です。

27ページ 基本のワーク

☆ 公約数, 4, 8, 2, 4　　答え 2, 4

❶ 1 人, 2 人, 4 人, 8 人

❷
| たての長さ(cm) | 1 | 2 | 4 | 5 | 10 | 20 |
| 横の長さ(cm) | 20 | 10 | 5 | 4 | 2 | 1 |

❸
| 1 辺の長さ(cm) | 1 | 2 | 3 | 6 |
| 紙のまい数(まい) | 216 | 54 | 24 | 6 |

てびき

❷ 長方形の面積は 20cm² だから, 長方形のたてと横の長さは, 20 の約数になります。20 の約数は, 1×20, 2×10, 4×5 より, 1, 2, 4, 5, 10, 20 の 6 個です。

❸ 正方形の 1 辺の長さは, 18 と 12 の公約数になります。18 と 12 の公約数は, 1, 2, 3, 6 の 4 個で, それぞれのときの正方形の面積は, 1cm², 4cm², 9cm², 36cm² です。長方形の面積は 18×12=216（cm²）だから, 必要な紙のまい数は, 216÷1=216（まい）, 216÷4=54（まい）, 216÷9=24（まい）, 216÷36=6（まい）となります。

28ページ 基本のワーク

☆ 公約数, 最大公約数, 4, 6, 12, 4, 4, 4, 3, 4, 4, 3, 4, 12　　答え 4, 12

❶ 6 人

❷ 1 辺の長さ…9cm, まい数…12 まい

❸ 人数…8 人, ペン…6 本, えんぴつ…7 本

てびき

❶ 1 つのグループの人数は, 18 と 24 の最大公約数の 6（人）です。

❷ 1 辺の長さは, 27 と 36 の最大公約数の 9（cm）です。このとき,
たて…27÷9=3（まい）,
横…36÷9=4（まい）だから, 正方形の紙は,
3×4=12（まい）必要です。

❸ 子どもの人数は, 48 と 56 の最大公約数の 8（人）です。このとき, ペン…48÷8=6（本）,
えんぴつ…56÷8=7（本）です。

29ページ まとめのテスト

1 偶数

2 ❶ 6cm
　❷ 鉄の板…5 まい, 木の板…3 まい

3 午前 8 時 24 分

4 ❶ 9 人　❷ ケーキ…2 個, プリン…3 個

5 10 まい

てびき

2 12mm と 20mm の最小公倍数の 60mm のときで,
鉄の板…60÷12=5（まい）,
木の板…60÷20=3（まい）です。

3 21 と 28 の最小公倍数の 84 分後です。

4 分けることになる人数は, 18 と 27 の最大公約数を考えて, 9 人です。

5 正方形の 1 辺の長さは, 16 と 40 の最大公約数の 8cm です。
このとき, たて…16÷8=2（まい）,
横…40÷8=5（まい）より, 全部で,
2×5=10（まい）の正方形の紙ができます。

6 図形の角

30ページ 基本のワーク

☆ 180, 180, 180, 61　　答え 61

❶ 式 180°−(96°+43°)=41°　　答え 41°

❷ 式 180°−80°=100°
　　100°÷2=50°　　答え 50°

❸ 式 う…180°−(65°+74°)=41°
　　え…180°−(90°+41°)=49°
　　　答え う…41°, え…49°

❹ 式 180°−100°=80°
　　180°−(80°+45°)=55°　　答え 55°

❶〜❸ 三角形の3つの角の和は180°で，180°から2つの角の大きさをひくと，残りの1つの角を求めることができます。
❹ まず，100°の内側の角を求めてから，180°から2つの角をひきます。
(参考)右の図で，
　　あ＋い＝う となることを
　　用いてもよいでしょう。

❷ 次のように計算することもできます。
$70°+50°=120°$

7 分数のたし算の問題

34 ページ 基本のワーク

☆ $\frac{4}{12}$, $\frac{9}{12}$, $\frac{3}{4}$　　　　答え $\frac{3}{4}$

❶ 式 $\frac{1}{2}+\frac{3}{10}=\frac{4}{5}$　　　答え $\frac{4}{5}$ L

❷ 式 $\frac{2}{3}+\frac{3}{5}=\frac{19}{15}$　　答え $\frac{19}{15}\left(1\frac{4}{15}\right)$ km

❸ ① みきさん

　② 式 $\frac{3}{4}+\frac{5}{6}+\frac{2}{3}=\frac{9}{4}$　　答え $\frac{9}{4}\left(2\frac{1}{4}\right)$ m

👆 たしかめよう！

答えが約分できるときは，約分します。計算結果が仮分数になるときは，仮分数のまま答えてもよいですが，帯分数になおすと大きさをとらえやすくなります。

35 ページ 基本のワーク

☆ $\frac{4}{10}$, $\frac{5}{10}$, $1\frac{9}{10}$　　　答え $1\frac{9}{10}\left(\frac{19}{10}\right)$

❶ 式 $1\frac{3}{5}+\frac{2}{3}=2\frac{4}{15}$　　答え $2\frac{4}{15}\left(\frac{34}{15}\right)$ 時間

❷ 式 $1\frac{1}{6}+\frac{4}{5}=1\frac{29}{30}$　　答え $1\frac{29}{30}\left(\frac{59}{30}\right)$ 時間

❸ ① すいか A

　② 式 $3\frac{5}{6}+3\frac{7}{10}+\frac{3}{5}=8\frac{2}{15}$

　　　　　　答え $8\frac{2}{15}\left(\frac{122}{15}\right)$ kg

36 ページ 基本のワーク

☆ $\frac{3}{12}$, $\frac{13}{12}$　　　　答え $\frac{13}{12}\left(1\frac{1}{12}\right)$

❶ 式 $\frac{17}{24}+\frac{1}{6}=\frac{7}{8}$　　　答え $\frac{7}{8}$ m

❷ 式 $\frac{4}{9}+\frac{13}{18}=\frac{7}{6}$　　　答え $\frac{7}{6}\left(1\frac{1}{6}\right)$ 時間

❸ 式 $2\frac{1}{6}+1\frac{3}{4}+1\frac{7}{8}=5\frac{19}{24}$　答え $5\frac{19}{24}\left(\frac{139}{24}\right)$ km

てびき ❸ 図に整理すると，右のようになります。

$2\frac{1}{6}$ km　$1\frac{3}{4}$ km　$1\frac{7}{8}$ km
スタート　第1　第2　ゴール

37 ページ まとめのテスト

❶ 式 $\frac{3}{4}+\frac{4}{5}=\frac{31}{20}$　　　答え $\frac{31}{20}\left(1\frac{11}{20}\right)$ 時間

❷ 式 $\frac{5}{6}+\frac{2}{3}=\frac{3}{2}$　　　答え $\frac{3}{2}\left(1\frac{1}{2}\right)$ m²

31 ページ 基本のワーク

☆ 360, 360, 360, 85　　　　答え 85

❶ 式 $360°-(95°+75°+120°)=70°$　答え 70°

❷ 式 $360°-(115°+90°+73°)=82°$　答え 82°

❸ 式 $360°-(60°+40°+30°)=230°$
　　　$360°-230°=130°$　　　答え 130°

てびき ❶，❷ 四角形の4つの角の大きさの和は360°で，360°から3つの角の大きさをひくと，残りの1つの角の大きさを求めることができます。
❸ まず，うの反対側の角を求め，360°からその角をひきます。
(参考)右の図のように2つの三角形に分けてもよいでしょう。

40°
60°　30°　う

32 ページ 基本のワーク

☆ 3, 3, 540　　　　　　　答え 540

❶ 式 $180°×(6-2)=720°$　　答え 720°

❷ 式 $180°×(7-2)=900°$　　答え 900°

❸ ① 式 $180°+\boxed{360}°=\boxed{540}°$　答え 540°
　② 式 $180°×5-\boxed{360}°=\boxed{540}°$　答え 540°
　③ 式 $180°×4-\boxed{180}°=\boxed{540}°$　答え 540°

てびき ❸ 多角形の角の大きさの和は，三角形や四角形に分けて求めることができます。

33 ページ まとめのテスト

❶ 式 $180°-(110°+25°)=45°$　　　答え 45°

❷ 式 $180°-(70°+50°)=60°$
　　　$180°-60°=120°$　　　　　答え 120°

❸ 式 $180°-40°×2=100°$　　　　答え 100°

❹ 式 $360°-(62°+97°+115°)=86°$
　　　　　　　　　　　　　　　　　答え 86°

❺ 式 $180°×(8-2)=1080°$　　　答え 1080°

❻ 式 $180°-(30°+45°)=105°$　　答え 105°

3 式 $\dfrac{3}{8}+\dfrac{7}{12}=\dfrac{23}{24}$ 　　　　答え $\dfrac{23}{24}$ kg

4 式 $1\dfrac{3}{4}+2\dfrac{2}{3}=4\dfrac{5}{12}$ 　　　答え $4\dfrac{5}{12}\left(\dfrac{53}{12}\right)$ m²

5 式 $1\dfrac{17}{18}+1\dfrac{1}{6}+\dfrac{2}{3}=3\dfrac{7}{9}$ 　答え $3\dfrac{7}{9}\left(\dfrac{34}{9}\right)$ L

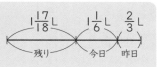

てびき 　**5** 図に整理すると, 右のようになります。

（右図：残り・今日・昨日 $1\dfrac{17}{18}$L 　$1\dfrac{1}{6}$L 　$\dfrac{2}{3}$L）

8 分数のひき算の問題

38 ページ 　基本のワーク

☆ $\dfrac{15}{21}$, 今日, $\dfrac{15}{21}$, $\dfrac{1}{21}$ 　答え 今日, $\dfrac{1}{21}$

1 式 $\dfrac{5}{6}=\dfrac{20}{24}$, 　$\dfrac{5}{8}=\dfrac{15}{24}$, 　$\dfrac{20}{24}-\dfrac{15}{24}=\dfrac{5}{24}$
　　　　答え ゆうなさんのほうが $\dfrac{5}{24}$ m 長い

2 式 $\dfrac{7}{10}=\dfrac{14}{20}$, 　$\dfrac{3}{4}=\dfrac{15}{20}$, 　$\dfrac{15}{20}-\dfrac{14}{20}=\dfrac{1}{20}$
　　　　答え ななこさんのほうが $\dfrac{1}{20}$ km 遠い

3 式 $\dfrac{5}{16}=\dfrac{15}{48}$, 　$\dfrac{3}{8}=\dfrac{18}{48}$, 　$\dfrac{5}{24}=\dfrac{10}{48}$,
　　　$\dfrac{18}{48}-\dfrac{10}{48}=\dfrac{1}{6}$ 　　　答え $\dfrac{1}{6}$ 時間

てびき 　**3** 3人のかかった時間を通分して比べると, いちばん早いのはまさとさん, いちばんおそいのはとおるさんとわかります。

39 ページ 　基本のワーク

☆ $\dfrac{6}{8}$, $\dfrac{13}{8}$, $\dfrac{6}{8}$, $\dfrac{7}{8}$ 　　答え $1\dfrac{7}{8}\left(\dfrac{15}{8}\right)$

1 式 $1\dfrac{4}{5}-\dfrac{5}{6}=\dfrac{29}{30}$ 　　　答え $\dfrac{29}{30}$ L

2 式 $2\dfrac{5}{8}-\dfrac{11}{12}=1\dfrac{17}{24}$ 　答え $1\dfrac{17}{24}\left(\dfrac{41}{24}\right)$ kg

3 式 $5\dfrac{1}{6}-3\dfrac{8}{9}=1\dfrac{5}{18}$ 　答え $1\dfrac{5}{18}\left(\dfrac{23}{18}\right)$ m²

4 式 $6-2\dfrac{6}{7}-\dfrac{9}{14}=2\dfrac{1}{2}$ 　答え $2\dfrac{1}{2}\left(\dfrac{5}{2}\right)$ m

てびき 　**4** 先に $2\dfrac{6}{7}$ m と $\dfrac{9}{14}$ m をたしてから, 6m からひいてもよいでしょう。

40 ページ 　基本のワーク

☆ $\dfrac{27}{42}$, $\dfrac{8}{42}$, $\dfrac{4}{21}$ 　　　　答え $\dfrac{4}{21}$

1 式 $\dfrac{7}{12}-\dfrac{2}{15}=\dfrac{9}{20}$ 　　　答え $\dfrac{9}{20}$ m

2 式 $5\dfrac{5}{6}-3\dfrac{7}{9}=2\dfrac{1}{18}$ 　答え $2\dfrac{1}{18}\left(\dfrac{37}{18}\right)$ kg

3 式 $33\dfrac{3}{8}-31\dfrac{5}{6}=1\dfrac{13}{24}$ 　答え $1\dfrac{13}{24}\left(\dfrac{37}{24}\right)$ kg

てびき 　**3** 去年と今年の体重の差を求めるのでひき算です。「増えた」ということばにまどわされて, たし算をしないように注意しましょう。

41 ページ 　基本のワーク

☆ $\dfrac{8}{12}$, $\dfrac{3}{12}$, $\dfrac{10}{12}$, $\dfrac{11}{12}$, $\dfrac{10}{12}$, $3\dfrac{1}{12}$ 　答え $3\dfrac{1}{12}\left(\dfrac{37}{12}\right)$

1 式 $1\dfrac{2}{3}-\dfrac{7}{10}+1\dfrac{1}{6}=2\dfrac{2}{15}$ 　答え $2\dfrac{2}{15}\left(\dfrac{32}{15}\right)$ m

2 式 $3-1\dfrac{2}{5}-\dfrac{5}{6}=\dfrac{23}{30}$ 　　答え $\dfrac{23}{30}$ L

3 式 $7\dfrac{1}{4}-2\dfrac{1}{6}-3\dfrac{1}{3}=1\dfrac{3}{4}$ 　答え $1\dfrac{3}{4}\left(\dfrac{7}{4}\right)$ 時間

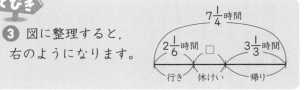

てびき 　**3** 図に整理すると, 右のようになります。

（右図：$7\dfrac{1}{4}$時間 　$2\dfrac{1}{6}$時間 □ $3\dfrac{1}{3}$時間 　行き 休けい 帰り）

42 ページ 　まとめのテスト❶

1 式 $\dfrac{3}{4}=\dfrac{9}{12}$, 　$\dfrac{1}{3}=\dfrac{4}{12}$, 　$\dfrac{9}{12}-\dfrac{4}{12}=\dfrac{5}{12}$
　　　　答え 国語のほうが $\dfrac{5}{12}$ 時間長い

2 式 $\dfrac{11}{16}-\dfrac{5}{12}=\dfrac{13}{48}$ 　　答え $\dfrac{13}{48}$ L

3 式 $3\dfrac{1}{3}-1\dfrac{5}{6}=1\dfrac{1}{2}$ 　答え $1\dfrac{1}{2}\left(\dfrac{3}{2}\right)$ m²

4 式 $2\dfrac{5}{24}-1\dfrac{1}{8}=1\dfrac{1}{12}$ 　答え $1\dfrac{1}{12}\left(\dfrac{13}{12}\right)$ km

5 式 $\dfrac{3}{4}-\dfrac{2}{3}+\dfrac{5}{6}=\dfrac{11}{12}$ 　答え $\dfrac{11}{12}$ kg

てびき 　**1** まず通分して, どちらが長いかを調べてから, 差を求めます。

43 ページ 　まとめのテスト❷

1 式 $\dfrac{7}{15}=\dfrac{28}{60}$, 　$\dfrac{5}{12}=\dfrac{25}{60}$, 　$\dfrac{28}{60}-\dfrac{25}{60}=\dfrac{1}{20}$
　　　　答え あきこさんのほうが $\dfrac{1}{20}$ m 長い

2 式 $\dfrac{3}{4}-\dfrac{2}{5}=\dfrac{7}{20}$ 　　　答え $\dfrac{7}{20}$ kg

3 式 $1\dfrac{5}{12}-1\dfrac{3}{8}=\dfrac{1}{24}$ 　　答え $\dfrac{1}{24}$ m

4 式 $5\dfrac{1}{3}-3\dfrac{5}{8}=1\dfrac{17}{24}$ 　答え $1\dfrac{17}{24}\left(\dfrac{41}{24}\right)$ m

5 式 $4\dfrac{4}{15}-3\dfrac{9}{20}+3\dfrac{7}{12}=4\dfrac{2}{5}$ 　答え $4\dfrac{2}{5}\left(\dfrac{22}{5}\right)$ kg

7

5 計算の順序をくふうするとかんたんになります。$4\frac{4}{15}$ と $3\frac{7}{12}$ を先にたしてから，$3\frac{9}{20}$ をひくとよいでしょう。

9 分数と小数

44ページ 基本のワーク

☆ 3, $\frac{7}{3}$ 　　　答え $\frac{7}{3}\left(2\frac{1}{3}\right)$

① 式 $3÷5=\frac{3}{5}$ 　　　答え $\frac{3}{5}$ kg

② 式 $5÷2=\frac{5}{2}$ 　　　答え $\frac{5}{2}\left(2\frac{1}{2}\right)$ L

③ ❶ 式 $8÷6=\frac{4}{3}$ 　　　答え $\frac{4}{3}\left(1\frac{1}{3}\right)$ 倍

　❷ 式 $6÷8=\frac{3}{4}$ 　　　答え $\frac{3}{4}$ 倍

　❸ 式 $6÷8=0.75$ 　　　答え 0.75 倍

てびき ③❸ $6÷8$ を筆算で計算します。

45ページ 基本のワーク

☆ $\frac{3}{10}$, $\frac{3}{10}$, $\frac{10}{30}$, $\frac{9}{30}$, $\frac{19}{30}$ 　　答え $\frac{19}{30}$

① 式 $0.4=\frac{4}{10}=\frac{2}{5}$, $\frac{1}{8}+\frac{2}{5}=\frac{21}{40}$ 　答え $\frac{21}{40}$ kg

② 式 $0.5=\frac{5}{10}=\frac{1}{2}$, $\frac{5}{6}-\frac{1}{2}=\frac{1}{3}$ 　答え $\frac{1}{3}$ L

③ ❶ 式 $0.75=\frac{75}{100}=\frac{3}{4}$ 　答え $\frac{3}{4}$ L

　❷ 式 $\frac{5}{8}+\frac{3}{4}=\frac{11}{8}$ 　答え $\frac{11}{8}\left(1\frac{3}{8}\right)$ L

　❸ 式 $\frac{3}{4}-\frac{5}{8}=\frac{1}{8}$

答え ジュースのほうが $\frac{1}{8}$ L 多い

46ページ まとめのテスト❶

1 式 $4÷7=\frac{4}{7}$ 　　　答え $\frac{4}{7}$ m

2 式 $8÷5=\frac{8}{5}$ 　　　答え $\frac{8}{5}\left(1\frac{3}{5}\right)$ dL

3 式 $5÷6=\frac{5}{6}$ 　　　答え $\frac{5}{6}$ 倍

4 ❶ $\frac{7}{10}$ L

　❷ 式 $\frac{5}{6}+\frac{7}{10}=\frac{23}{15}$ 　答え $\frac{23}{15}\left(1\frac{8}{15}\right)$ L

　❸ 式 $\frac{5}{6}-\frac{7}{10}=\frac{2}{15}$

答え A の容器のほうが $\frac{2}{15}$ L 多い

47ページ まとめのテスト❷

1 式 $3÷8=\frac{3}{8}$ 　　　答え $\frac{3}{8}$ kg

2 式 $14÷8=\frac{7}{4}$ 　　　答え $\frac{7}{4}\left(1\frac{3}{4}\right)$ m

3 式 $22÷16=\frac{11}{8}$ 　　答え $\frac{11}{8}\left(1\frac{3}{8}\right)$ 倍

4 ❶ $2\frac{7}{10}\left(\frac{27}{10}\right)$ kg

　❷ 式 $\frac{7}{15}+2\frac{7}{10}=3\frac{1}{6}$ 　答え $3\frac{1}{6}\left(\frac{19}{6}\right)$ kg

5 式 $4.25=4\frac{1}{4}$, $2.5=2\frac{1}{2}$,

$4\frac{1}{4}-3\frac{5}{12}+2\frac{1}{2}=3\frac{1}{3}$ 　答え $3\frac{1}{3}\left(\frac{10}{3}\right)$ L

てびき **5** $3\frac{5}{12}$ L は正確な小数に表せないので，4.25 L や 2.5 L を分数になおしてから計算します。

10 平均

48ページ 基本のワーク

☆ 30, 30, 7.5 　　　答え 7.5

① ❶ 式 つばさ…$(36+40+29+33)÷4=34.5$
たかし…$(28+41+30+25)÷4=31$
答え つばさ…34.5 m，たかし…31 m

　❷ つばささん

② 式 $(15+20+0+16+19)÷5=14$
答え 14 ページ

③ 式 A 班…$(148.5+150.5+152.0+139.5+160.5)$
　　　　$÷5=150.2$
B 班…$(143.5+152.0+162.0+138.5)$
　　　　$÷4=149$
差…$150.2-149=1.2$
答え A 班の身長の平均のほうが 1.2 cm 高い

てびき ②ページ数が 0 の日も日数に入れます。
③ 平均＝合計÷人数 だから，A 班の身長の平均は，A 班の合計÷5，B 班の身長の平均は，B 班の合計÷4 で求めます。それぞれの身長の平均を求めて，差を考えます。

49ページ 基本のワーク

☆ 平均, 273, 273, 273, 98 　　　答え 98

① 式 $1500×3=4500$
　　$4500-(1200+1600)=1700$
答え 1700 円

② ❶ 式 $38×2=76$ 　　　答え 76 m

❷ 式 $(76+35)÷3=37$　　　答え 37 m
❸ ❶ 式 $34.0×16=544$, $31.6×14=442.4$
　　　$544+442.4=986.4$　　答え 986.4 kg
　❷ 式 $986.4÷(16+14)=32.88$
　　　　　　　　　　　答え 32.88 kg

てびき ❸ 6年生の合計は，6年生の平均×16，5年生の合計は，5年生の平均×14で求めます。6年生の合計と5年生の合計の和が全員の合計です。全員の合計を，全員の人数でわると，全員の体重の平均が求められます。

50ページ　まとめのテスト❶

❶ 式 $(61+59+63+57)÷4=60$　　答え 60 g
❷ 式 $(8+5+3+0+10)÷5=5.2$　　答え 5.2 人
❸ ❶ 式 $77×4=308$　　　答え 308 点
　❷ 式 $80×5=400$
　　　$400-308=92$　　　答え 92 点
❹ ❶ 式 $142.0×15=2130$
　　　$145.1×16=2321.6$
　　　$2130+2321.6=4451.6$
　　　　　　　　　答え 4451.6 cm
　❷ 式 $4451.6÷(15+16)=143.6$
　　　　　　　　　答え 143.6 cm

てびき ❷ 0人の日も日数に数えます。
❸ ❷ 5回の得点の合計が $80×5=400$（点）となればよいので，5回目は，$400-308=92$（点）です。

51ページ　まとめのテスト❷

❶ 式 $(25+18+23+21+33)÷5=24$
　　　　　　　　　答え 24 cm
❷ 式 $(36.0+34.5+37.5+42.0)÷4=37.5$
　　　　　　　　　答え 37.5 kg
❸ ❶ 式 $86×5=430$　　　答え 430 点
　❷ 式 $84×4=336$
　　　$430-336=94$　　　答え 94 点
❹ ❶ 式 $295.5×16=4728$
　　　$274.3×18=4937.4$
　　　$4728+4937.4=9665.4$
　　　　　　　　　答え 9665.4 cm
　❷ 式 $9665.4÷(16+18)=284.27…$
　　　　　　　　　答え 約 284.3 cm

てびき ❹ 5年生と4年生を合わせた全員の記録の合計を，全員の人数でわって，記録の平均を求めます。わりきれないので，$\frac{1}{100}$ の位

を四捨五入します。

11　単位量あたりの大きさ

52ページ　基本のワーク

☆ 130，140，B　　　　　答え B
❶ 式 A…$300÷20=15$
　　　B…$240÷15=16$　　　答え B店
❷ 式 赤…$360÷2.4=150$
　　　青…$630÷3.5=180$　　答え 青いリボン
❸ 式 さき…$5÷10=0.5$
　　　みずき…$9÷15=0.6$　　答え みずきさん
❹ ❶ 式 $13.3÷22=0.60…$　　答え 約 0.6 m
　❷ 式 $39÷0.6=65$　　　答え 65 歩

てびき ❶ 1個あたりのねだんを比べます。
❷ 1 m あたりのねだんを比べます。

53ページ　基本のワーク

☆ 0.12，0.1，A　　　　　答え A
❶ 式 1組…$15÷60=0.25$
　　　2組…$25÷85=0.29…$　答え 5年2組
❷ ❶ 式 A…$320÷32=10$
　　　B…$288÷24=12$
　　　C…$264÷24=11$
　　　　答え A…10 本，B…12 本，C…11 本
　❷ B，C，A
❸ 式 大原町…$52000÷67=776.1…$
　　　中山町…$63000÷56=1125$
　　　小川町…$48000÷44=1090.9…$
　　　　答え 大原町…776 人，中山町…1125 人，
　　　　　　小川町…1091 人

54ページ　まとめのテスト❶

❶ 式 A…$600÷8=75$
　　　B…$480÷6=80$　　答え かんづめB
❷ 式 A…$59.5÷7=8.5$
　　　B…$90÷12=7.5$　　答え Aの水道管
❸ ❶ 式 $8.5×7.2=61.2$　　答え 61.2 g
　❷ 式 $23.8÷8.5=2.8$　　答え 2.8 m
❹ ❶ 式 A市…$72000÷130=553.8…$
　　　B市…$65000÷140=464.2…$
　　　C市…$98000÷180=544.4…$
　　　　答え A市…550 人，B市…460 人，
　　　　　　C市…540 人
　❷ A市，C市，B市

3 ❷ 全体の長さ＝全体の重さ
÷1m あたりの重さ です。
4 人口を面積(km²)でわって人口密度を求めます。上から2けたのがい数で求めるので，上から3けためを四捨五入します。

55ページ まとめのテスト❷

1 式 A…360÷480＝0.75
　　B…448÷640＝0.7　　　　答え A の畑
2 ❶ 式 18.1÷30＝0.60…　　答え 約0.6 m
　　❷ 式 42÷0.6＝70　　　　答え 70 歩
3 ❶ 式 99000÷180＝550　　答え 550
　　❷ 式 330×420＝138600　答え 138600
　　❸ 式 58000÷232＝250　　答え 250

てびき
1 1m² あたりのじゃがいもの収かく量を求めて，比べます。
3 ❶ 人口密度＝人口÷面積 です。
　　❷ 人口＝人口密度×面積 です。
　　❸ 面積＝人口÷人口密度 です。

12 速さ

56ページ 基本のワーク

☆ 《1》 60, 2.5, 40, 2
　《2》 150, 0.4, 80, 0.5
　　　　　　　　　　　　答え ひろしさん
1 ❶ 式 兄…300÷48＝6.25
　　　　妹…200÷40＝5　　　　答え 兄
　　❷ 式 兄…48÷300＝0.16
　　　　妹…40÷200＝0.2　　　答え 兄
2 式 新幹線A…760÷4＝190
　　　新幹線B…600÷3＝200
　　　新幹線C…525÷2.5＝210
　　　　答え 速い新幹線…C, おそい新幹線…A
3 式 45÷150＝0.3, 20÷80＝0.25
　　　　　答え 80m を 20 秒で走る自転車

てびき どちらが速いかは，道のり÷時間 や
時間÷道のり を比べるとわかります。

57ページ 基本のワーク

☆ 3, 54, 40, 15　　　　　　答え 54, 15
1 式 800÷4＝200, 30÷2.5＝12
　　　　答え A…分速200m, B…時速12km

2 式 180÷3＝60, 200÷2.5＝80
　　　答え 上り…分速60m, 下り…分速80m
3 式 140÷3.5＝40, 100÷2＝50
　　　　　　　　　　　　　　答え 電車B

てびき 速さを比べるときは，時間の単位をそろえます。

58ページ 基本のワーク

☆ 3, 270　　　　　　　　　答え 270
1 式 65×18＝1170　　　答え 1170m
2 式 45×2.4＝108　　　答え 108km
3 ❶ 式 760÷4＝190　　答え 分速190m
　　❷ 式 190×7.5＝1425　答え 1425m

59ページ 基本のワーク

☆ 60, 12.5　　　　　　　　答え 12.5
1 式 108÷45＝2.4　　　答え 2.4 時間
2 式 2400÷250＝9.6　　答え 9.6 秒
3 ❶ 式 2÷8＝0.25　　答え 分速0.25km
　　❷ 式 21÷0.25＝84　　答え 84 分

てびき 時間を答えるときは，単位の書きまちがいに注意しましょう。

60ページ 基本のワーク

☆ ❶ 60, 1.4
　❷ 1.4, 49　　　答え ❶ 1.4　　❷ 49
1 ❶ 式 9÷60＝0.15　　答え 分速0.15km
　　❷ 式 0.15×20＝3　　答え 3km
2 ❶ 式 80×60＝4800
　　　4800m＝4.8km　　答え 時速4.8km
　　❷ 式 2.4÷4.8＝0.5　　答え 0.5 時間
3 式 20×60×60＝72000
　　　72000m＝72km
　　　108÷72＝1.5　　　　答え 1.5 時間

61ページ 基本のワーク

☆ 80, 80, 16　　　　　　　答え 16
1 ❶ 式 18×10＝180　　答え 180m
　　❷ 式 180÷9＝20　　答え 秒速20m
2 ❶ 式 120＋180＝300　　答え 300m
　　❷ 式 300÷20＝15　　答え 15 秒

てびき **2** 図をかくと，通過する道のりが「列車の長さ＋鉄橋の長さ」であることが，よくわかります。

62 ページ まとめのテスト❶

1 ❶ 式 なおさん…100÷16=6.25
　　　ただしさん…240÷30=8
　　　　　　　　　　答え ただしさん

❷ 式 なおさん…16÷100=0.16
　　　ただしさん…30÷240=0.125
　　　　　　　　　　答え ただしさん

2 式 80÷2.5=32　　答え 時速 32km

3 式 75×16=1200　　答え 1200m

4 式 84÷35=2.4　　答え 2.4 時間

5 式 150×60×60=540000
　　540000m=540km　答え 時速 540km

63 ページ まとめのテスト❷

1 式 780÷12=65
　　1200÷20=60　　答え A さん

2 式 60÷1.5=40
　　40×3.5=140　　答え 140km

3 式 20×60=1200
　　36km=36000m
　　36000÷1200=30　　答え 30 分

4 ❶ 式 20×8=160　　答え 160m
　❷ 式 15×30=450
　　　450−160=290　　答え 290m

5 式 800÷40=20
　　2.6km=2600m
　　(2600−800)÷50=36
　　20+36=56　　答え 56 分後

13 図形の面積

64 ページ 基本のワーク

☆ 8, 88　　答え 88

1 ❶ 式 6×6=36　　答え 36cm²
　❷ 式 10×7=70　　答え 70cm²
　❸ 式 9×8=72　　答え 72cm²
　❹ 式 5.5×10=55　　答え 55cm²
　❺ 式 3×4=12　　答え 12cm²
　❻ 式 4×12=48　　答え 48cm²

65 ページ 基本のワーク

☆ 8, 36　　答え 36

1 ❶ 式 12×7÷2=42　　答え 42cm²
　❷ 式 10×6÷2=30　　答え 30cm²
　❸ 式 8×6÷2=24　　答え 24cm²

❹ 式 2.5×3.6÷2=4.5　　答え 4.5cm²
❺ 式 12×12÷2=72　　答え 72cm²
❻ 式 11×12÷2=66　　答え 66cm²

66 ページ 基本のワーク

☆ 12, 8, 72, 14, 70　　答え 72, 70

1 ❶ 式 (4+10)×7÷2=49　　答え 49cm²
　❷ 式 (8+12)×8÷2=80　　答え 80cm²
　❸ 式 (3+6)×10÷2=45　　答え 45cm²
　❹ 式 (3.5+7.5)×8÷2=44　　答え 44cm²

2 ❶ 式 20×24÷2=240　　答え 240cm²
　❷ 式 8×16÷2=64　　答え 64cm²

> **てびき** ❷❷ 一方の対角線の長さは，
> 4×2=8(cm) です。

67 ページ 基本のワーク

☆ 《1》36, 8, 36, 8, 28
　《2》7, 21, 7, 21, 28　　答え 28

1 ❶ 式 (7+5)×(7+4)÷2=66
　　(7+5)×4÷2=24
　　66−24=42　　答え 42cm²

　❷ 式 5×12÷2=30
　　13×10÷2=65
　　30+65=95　　答え 95cm²

　❸ 式 14×7÷2=49
　　(14+6)×4÷2=40
　　49+40=89　　答え 89cm²

　❹ 式 3×10÷2=15
　　6×8÷2=24
　　15+24=39　　答え 39cm²

> **てびき** ❶❹ 右の図
> のように，長方形の対
> 角線で２つの三角形
> に分けます。長方形の
> 面積からあといの三角
> 形の面積をひいてもよいでしょう。

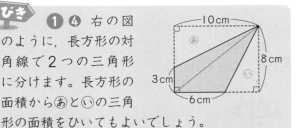

68 ページ 基本のワーク

☆ 12, 12, 96　　答え 96

1 ❶ 式 (9−3)×(15−3)=72　　答え 72m²
　❷ 式 {(5−2)+(10−2)}×6÷2=33
　　　　　　　　　　答え 33cm²
　❸ 式 8×12÷2=48　　答え 48cm²
　❹ 式 10×15÷2=75　　答え 75cm²

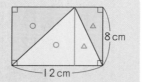

てびき ❶ ❸ 右の図で, 同じ印をつけた図形は合同だから, 求めるのは長方形の面積の半分です。

❹ 右の図で, 同じ印をつけた図形は合同だから, 求めるのは長方形の面積の半分です。

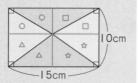

69 ページ 基本のワーク

☆ 表…左から順に, 6, 9
2, 3, 24　　　　　　答え 2倍, 3倍, …になる。
　　　　　　　　　　　　　24

❶ ❶ 2倍, 3倍, …になる。
❷ 式 32÷8＝4　　　　　　答え 4cm
❷ 式 3×4＝12　　　　　　答え 12倍
❸ ❶ □＝6×△

高さ △(cm)	3	5	6	8
面積 □(cm²)	18	30	36	48

てびき ❷ 実際に面積を求めてもよいですが, 底辺が3倍, 高さが4倍のとき, 面積は, 3×4＝12(倍)と考えるほうがかんたんです。
❸ ❶ 12×△÷2＝□だから, □＝6×△です。

70 ページ まとめのテスト❶

1 ❶ 式 9×6＝54　　　　　　答え 54cm²
❷ 式 3×4÷2＝6　　　　　　答え 6cm²
❸ 式 (8+10)×8÷2＝72　　答え 72cm²
❹ 式 8×11÷2＝44　　　　　答え 44cm²
2 ❶ 式 8×11÷2＝44　　　　　答え 44cm²
❷ 式 6×9÷2＝27　　　　　　答え 27cm²
3 ❶ 式 120÷15＝8　　　　　　答え 8cm
❷ 式 60×2÷12＝10　　　　　答え 10cm

てびき 2 色をつけた部分の面積は, 長方形の面積の半分になります。

71 ページ まとめのテスト❷

1 ❶ 式 4×12＝48　　　　　　答え 48cm²
❷ 式 5.5×4÷2＝11　　　　　答え 11cm²
❸ 式 (7+9)×8÷2＝64　　　答え 64cm²
❹ 式 12×12÷2＝72　　　　　答え 72cm²
2 ❶ 式 5×10÷2＝25, 8×20÷2＝80
　　　25+80＝105　　　　　　答え 105cm²

❷ 式 (3+7)×9÷2＝45　　　答え 45cm²
3 ❶ 2倍, 3倍, …になる。
❷ 式 56÷14＝4　　　　　　答え 4cm

てびき 1 ❹ 正方形は4つの辺がみな等しいので, ひし形と考えることができます。
2 ❶ 対角線で2つの三角形に分けます。

14 2つの数量の関係

72 ページ 基本のワーク

☆ 60, 310, 300, 5
　　　　　答え □＝60×△+130, 310, 5
❶ ❶ □＝120×△+150
❷

個数 △(個)	1	2	3	4
代金 □(円)	270	390	510	630

❷ ❶ □＝1000−△×3
❷

ねだん △(円)	100	120	150	200
おつり □(円)	700	640	550	400

❸

個数 △(個)	1	2	3	4	…	10
本数 □(本)	4	7	10	13	…	31

てびき ❸ 正方形が1つ増えるごとに, ぼうはさらに3本ずつ必要になります。

73 ページ 基本のワーク

☆ 比例, 50, 100, 6
　　　　　答え □＝50×△, 100, 6
❶ ❶ □＝4×△
❷

横の長さ △(cm)	1	2	3	7
面積 □(cm²)	4	8	12	28

❸ 比例する。
❷ ❶ □＝2×△
❷

時間 △(分)	1	2	3	8
水の量 □(L)	2	4	6	16

❸ 比例する。

74 ページ まとめのテスト❶

1 ❶ □＝400×△
❷

さっ数 △(さつ)	1	2	3	9
代金 □(円)	400	800	1200	3600

❸ 比例する。
2 ❶ □＝80×△+150
❷

個数 △(個)	1	2	3	6
代金 □(円)	230	310	390	630

❸ 比例しない。

3 ❶ □＝△×3

❷
1辺の長さ　△(cm)	1	2	3	9
まわりの長さ　□(cm)	3	6	9	27

❸ 比例する。　❹ 23cm

てびき

2 ❸△が2倍，3倍，…となっても，□は2倍，3倍，…とならないので，比例しません。

75ページ　まとめのテスト❷

1 ❶ □＝1000－130×△

❷
個数　△(個)	1	2	3	7
おつり　□(円)	870	740	610	90

❸ 比例しない。

2 ❶ □＝110×△＋160

❷
個数　△(個)	1	2	3	7
代金　□(円)	270	380	490	930

❸ 比例しない。

3 ❶ □＝30×△

❷
高さ　△(cm)	1.5	2.5	3	6
体積　□(cm³)	45	75	90	180

❸ 比例する。　❹ 12cm

てびき

3 ❶6×5×△＝□だから，□＝30×△です。

15 割合と百分率

76ページ　基本のワーク

☆ 比べられる(比べる)，もと，0.7　答え 0.7

1 ❶ 式 640÷800＝0.8　答え 0.8

❷ 式 800÷640＝1.25　答え 1.25

2 ❶ 式 27÷30＝0.9　答え 0.9

❷ 式 30÷27＝$\frac{10}{9}$　答え $\frac{10}{9}$($1\frac{1}{9}$)

3 式 10÷(10＋190)＝0.05　答え 0.05($\frac{1}{20}$)

てびき

3 食塩の重さを，食塩水全体の重さでわって，割合を求めます。

77ページ　基本のワーク

☆ 9，36，25，2，5　答え 25，2，5

1 式 210÷300＝0.7

答え 百分率…70%，歩合…7割

2 式 680÷800＝0.85

答え 百分率…85%，歩合…8割5分

3 式 36÷1200＝0.03

答え 百分率…3%，歩合…3分

4 式 150÷400＝0.375　答え 3割7分5厘

78ページ　基本のワーク

☆ もと，割合，0.24，0.24，120　答え 120

1 式 1500×0.2＝300　答え 300mL

2 式 50×0.36＝18　答え 18m²

3 式 800×(1＋0.11)＝888　答え 888kg

4 ❶ 式 2000×(1－0.25)＝1500　答え 1500円

❷ 式 2000×(1＋0.05)＝2100　答え 2100円

てびき

割合は小数になおしてから計算します。

79ページ　基本のワーク

☆ 比べられる(比べる)，割合，0.3，0.3，2000

答え 2000

1 式 33÷0.75＝44　答え 44人

2 式 14÷0.4＝35　答え 35人

3 式 1080÷(1－0.1)＝1200　答え 1200円

4 式 612÷(1＋0.02)＝600　答え 600人

5 式 132÷0.48＝275　答え 275m²

80ページ　まとめのテスト❶

1 ❶ 式 132÷176＝0.75　答え 0.75

❷ 式 176÷132＝$\frac{4}{3}$　答え $\frac{4}{3}$($1\frac{1}{3}$)

2 式 900÷1500＝0.6

答え 百分率…60%，歩合…6割

3 式 250×0.72＝180　答え 180人

4 式 300×(1＋0.2)＝360　答え 360円

5 式 234÷0.52＝450　答え 450人

てびき

4 2割＝0.2だから，仕入れねを1とすると，定価は，1＋0.2＝1.2です。

81ページ　まとめのテスト❷

1 ❶ 式 1200÷1500＝0.8　答え 0.8

❷ 式 1500÷1200＝1.25　答え 1.25

2 式 32÷400＝0.08

答え 百分率…8%，歩合…8分

3 式 30×0.3＝9　答え 9人

4 式 360÷0.18＝2000　答え 2000m²

5 式 432÷(1－0.04)＝450　答え 450人

てびき

5 4%＝0.04だから，昨年度の児童数を1とすると，今年度の児童数は，1－0.04＝0.96です。

16 帯グラフと円グラフ

82 ページ **基本のワーク**

☆ 25, 20, 0.45, 63, 0.25, 35,
0.2, 28, 0.1, 14

　　　　　　　　答え 63, 35, 28, 14

① ❶ 乗用車…48%, トラック…29%,
バス…16%, その他…7%

❷ 式 48÷16=3　　　　　答え 3倍

❸ 式 乗用車…200×0.48=96　答え 96台
トラック…200×0.29=58　答え 58台
バス…200×0.16=32　答え 32台
その他…200×0.07=14　答え 14台

てびき ❶ 帯グラフの目もりを正確に読み取りましょう。「その他」は, 100%から乗用車, トラック, バスの割合をひいても求められます。

83 ページ **基本のワーク**

☆ 20, 15, 0.4, 1440, 0.2, 720,
0.15, 540, 0.25, 900

　　　　　　答え 1440, 720, 540, 900

① ❶ 読み物…40%, 理科…20%, 社会…15%,
国語…10%, 算数…8%, その他…7%

❷ 式 20÷10=2　　　　　答え 2倍

❸ 式 40÷8=5　　　　　　答え 5倍

❹ 式 読み物…500×0.4=200　答え 200さつ
理科…500×0.2=100　答え 100さつ
社会…500×0.15=75　答え 75さつ
国語…500×0.1=50　答え 50さつ
算数…500×0.08=40　答え 40さつ
その他…500×0.07=35　答え 35さつ

84 ページ **まとめのテスト❶**

① ❶ 文学…45%, 社会科学…25%,
自然科学…15%, その他…15%

❷ 式 文学…4000×0.45=1800
　　　　　　　　　　答え 1800さつ
社会科学…4000×0.25=1000
　　　　　　　　　　答え 1000さつ
自然科学…4000×0.15=600
　　　　　　　　　　答え 600さつ
その他…4000×0.15=600
　　　　　　　　　　答え 600さつ

❷ ❶

	時間（時間）	百分率（%）
算　数	24	30
国　語	20	25
理　科	12	15
社　会	8	10
その他	16	20
合　計	80	100

❷ 式 30÷10=3　　　　　答え 3倍

❸

算数	国語	理科	社会	その他

0　10　20　30　40　50　60　70　80　90　100%

てびき ❷ ❶たとえば算数の割合は, 24÷80=0.3だから, 百分率で表すと 30%です。

85 ページ **まとめのテスト❷**

① ❶ B支店

❷ 式 4800万×0.3=1440万
　　　　　　　　答え 約1400万円

❸ いえない。

❷ ❶

	人数（人）	百分率（%）
カレーライス	150	30
あげパン	115	23
シチュー	95	19
ハンバーグ	75	15
その他	65	13
合　計	500	100

❷ 式 30÷15=2　　　　　答え 2倍

❸

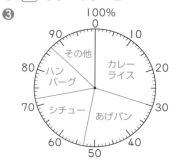

てびき ❶ ❸2020年と2021年, それぞれの会社全体の売り上げがわからないので, C支店の売り上げの割合が増えていても, 売り上げが増えているかどうかはわかりません。

❷ ❶たとえばカレーライスの割合は, 150÷500=0.3だから, 百分率では 30%です。

17 正多角形と円

86 ページ 基本のワーク

☆ 72, 72, 54 答え 72, 54

❶ ❶ 式 あ… 360°÷6＝60°
　　　い…（180°−60°）÷2＝60°
　　　う… 60°×2＝120°
　　　　　答え あ… 60°, い… 60°, う… 120°

　 ❷ 正三角形

　 ❸ 式 4×6＝24 答え 24cm

❷ ❶ 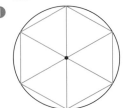 ❷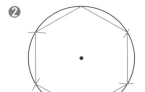

> **てびき** ❶ ❸ 円の半径は，8÷2＝4（cm）です。三角形AOBは正三角形だから，AB＝OA＝4cmなので，六角形ABCDEFのまわりの長さは，4×6＝24（cm）です。

87 ページ 基本のワーク

☆ 直径, 8, 16, 16, 50.24 答え 50.24

❶ ❶ 式 10×3.14＝31.4 答え 31.4cm
　 ❷ 式 3×2×3.14＝18.84 答え 18.84cm
　 ❸ 式 4.5×2×3.14＝28.26 答え 28.26m

❷ ❶ 式 25.12÷3.14＝8 答え 8cm
　 ❷ 式 113.04÷3.14＝36
　　　　36÷2＝18 答え 18cm

> **てびき** ❶ ❷半径が3cmだから、直径はその2倍の6cmです。
> ❷ 円周÷円周率＝直径 です。

88 ページ 基本のワーク

☆ 6, 9.42, 9.42, 21.42 答え 21.42

❶ 式 8×2×3.14÷4＝12.56
　　12.56＋8×2＝28.56 答え 28.56cm

❷ 式 12×2×3.14÷2＝37.68
　　37.68＋12×2＝61.68 答え 61.68cm

❸ 式 6×2×3.14÷4×3＝28.26
　　28.26＋6×2＝40.26 答え 40.26cm

❹ 式 12×2×3.14÷4＝18.84
　　12×3.14÷2＝18.84
　　18.84×2＋12＝49.68 答え 49.68cm

89 ページ まとめのテスト

❶ 式 あ… 360°÷8＝45°
　　　い…（180°−45°）÷2＝67.5°
　　　う… 67.5°×2＝135°
　　　答え あ… 45°, い… 67.5°, う… 135°

❷ ❶ 式 5×3.14＝15.7 答え 15.7cm
　 ❷ 式 3.5×2×3.14＝21.98 答え 21.98cm
　 ❸ 式 6.28÷3.14＝2 答え 2cm
　 ❹ 式 28.26÷3.14＝9
　　　　9÷2＝4.5 答え 4.5cm

❸ 式 20×3.14÷2＝31.4
　　12×3.14÷2＝18.84
　　8×3.14÷2＝12.56
　　31.4＋18.84＋12.56＝62.8
　　　　　　　　答え 62.8cm

> **てびき** ❷ ❹ まず，円周÷円周率＝直径より，直径の長さを求めます。
> ❸ まとめて計算してもよいでしょう。
> 20×3.14÷2＋12×3.14÷2＋8×3.14÷2
> ＝10×3.14＋6×3.14＋4×3.14
> ＝（10＋6＋4）×3.14＝20×3.14＝62.8（cm）

18 角柱と円柱

90 ページ 基本のワーク

☆ 5, 5, 7, 5, 5, 10, 5, 5, 15
　　　　　　　　　　答え 7, 10, 15

❶ ❶ 六角柱
　 ❷ 面… 8, 頂点… 12, 辺… 18
　 ❸ 合同, 平行

❷ ❶ 5cm ❷ 曲面

> **てびき** ❶ 次の式で求められます。
> ●角柱の面の数…●＋2
> 頂点の数…●×2
> 辺の数…●×3

91 ページ 基本のワーク

☆ 例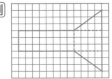

❶ ❶ 例 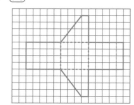　**❷ 例**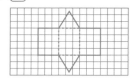

❸ 例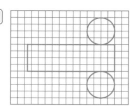

 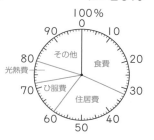

てびき ❶ まず側面になる長方形をかいてか
ら，底面を2つかきたします。

92ページ 基本のワーク

☆ 9，4，25.12　　　　　　　　答え 9，25.12
❶ ❶ 式 AC … 8×2×3.14＝50.24
　　　　答え AB … 12 cm，AC … 50.24 cm
　❷ 式 12×50.24＝602.88
　　　　　　　　　　　　答え 602.88 cm²
❷ ❶ 式 3＋5＋4＝12　　　　答え 12 cm
　❷ 式 7×12＝84，3×4÷2＝6，
　　　84＋6×2＝96　　　　答え 96 cm²

93ページ まとめのテスト

1

	底面の形	側面の形	面の数	頂点の数	辺の数
三角柱	三角形	長方形	5	6	9
六角柱	六角形	長方形	8	12	18
八角柱	八角形	長方形	10	16	24

2 例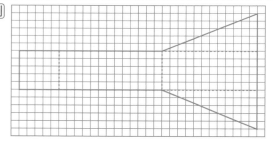

3 ❶ （正）五角柱　❷ 10　❸ 15
4 式 12×2×3.14＝75.36　　答え 75.36 cm

てびき **4** 正方形の1辺の長さは，側面の展
開図の横の長さになり，これは底面の円の円周
の長さと同じになります。

たしかめよう！
4 側面の展開図の長方形の横の長さは，底面の円の
円周と等しくなります。

5年のまとめ

94ページ まとめのテスト❶

1 式 4.2×3.8＝15.96　　　　答え 15.96 m²
2 式 38.4÷1.2＝32　　　　　答え 32 個
3 午前8時20分
4 12 人
5 式 $1\frac{1}{12}+\frac{3}{4}=1\frac{5}{6}$　答え $1\frac{5}{6}\left(\frac{11}{6}\right)$ 時間
6 式 $2\frac{2}{3}-1\frac{3}{4}=\frac{11}{12}$　答え $\frac{11}{12}$ km
7 式 $2.5=2\frac{1}{2}$
　　 $2\frac{1}{2}-2\frac{3}{7}=\frac{1}{14}$　　答え $\frac{1}{14}$ m

てびき **3** 16 と 20 の最小公倍数は 80 だか
ら，80 分後です。
4 48 と 36 の最大公約数は 12 です。

95ページ まとめのテスト❷

1 式 （88＋76＋72＋92）÷4＝82　答え 82 点
2 式 A会場 … 30000÷9373＝3.2…
　　　B会場 … 3500÷675＝5.1…　答え B会場
3 式 50×13＝650
　　650÷65＝10　　　　　　　答え 10 分
4 □＝80×△＋200
5 式 300÷1200＝0.25　　　　答え 25％
6

	金額（万円）	割合（％）
食費	8	32
住居費	7	28
ひ服費	3	12
光熱費	2	8
その他	5	20
合計	25	100

96ページ まとめのテスト❸

1 式 12×12×9−3×12×6＝1080
　　　　　　　　　　　　答え 1080 cm³
2 式 360°−（90°＋60°＋90°）＝120°
　　　　　　　　　　　　答え 120°
3 ❶ 式 4×2.8÷2＝5.6　　答え 5.6 cm²
　❷ 式 8×（6×2）÷2＝48　答え 48 cm²
4 式 75.36÷3.14＝24
　　24÷2＝12　　　　　　　答え 12 cm
5 ❶ （正）八角柱　❷ 16　❸ 8本

てびき **1** 2つの直方体に分けて，それぞれ
の体積の和を求めてもよいでしょう。